VILLA INTERIOR DESIGN CLASSICS

| 中 式 风 韵 |
| 都 市 简 约 |
| 原 木 生 活 |

| CHINESE STYLE | MODERN SIMPLISM STYLE | PASTORALISM & COUNTRY |

别墅室内设计典藏

（上）

李有为 郭 妍・主编

北京大国匠造文化有限公司・策划

中国林业出版社
China Forestry Publishing House

图书在版编目（CIP）数据

别墅室内设计典藏：全2册 / 李有为，郭妍主编. -- 北京：中国林业出版社，2018.12

ISBN 978-7-5038-9909-6

Ⅰ. ①别… Ⅱ. ①李… ②郭… Ⅲ. ①别墅－室内装饰设计 Ⅳ. ①TU241.1

中国版本图书馆CIP数据核字(2018)第287411号

责任编辑：纪 亮 樊 菲

出版：中国林业出版社（100009 北京西城区德内大街刘海胡同7号）
网站：http://lycb.forestry.gov.cn
E-mail：cfphz@public.bta.net.cn
印刷：北京利丰雅高长城印刷有限公司
发行：中国林业出版社
电话：（010）8314 3518
版次：2018年12月第1版
印次：2018年12月第1次
开本：1/12
印张：79
字数：600 千字
定价：560.00 元（上、下册）

| 亚太名家别墅室内设计典藏系列之一 | 目录 |

| 中式风韵 | 都市简约 | 原木生活 | 欧美格调 | 异域风情 | 自由混搭 |

碧桂园钻石墅

Biguiyuan Villa

主案设计：陈文才
项目面积：450平方米

- 简素之美、纯净之色体现了返璞归真的自然形态。
- 东方的“静”与“净”相结合。
- 每一个边框处以金属线条收边，配合着整体空间效果形成了气与线、书与形、人与景的完整画面。

客户的需求就是我们设计思考的方向,不但要满足家庭中每一位成员对空间的需求,更重要的一点是营造好家庭成员相互交流和建立情感联系的场所空间。

在一个恬静、沉稳、放松的环境里,老人要求的生活细节考虑细致周到,小孩子喜爱的空间色彩明亮有趣,业主的爱好充分实现,整个空间尺度合适,有开,有合,有连接。人是空间里的主体,舒适松弛的生活气息在这个空间里孕育滋长。

通过石材、丝布、金属、木料巧妙的结合,加以山、水、植物、壁画的点缀,营造出一种恬静淡雅的生活氛围。

山水湖畔度假别墅

Lake House

主案设计：徐义祺
项目面积：350平方米

- 碧空皓月，一帘白帏霜，青石上泉，几杯红叶染！
- 与“非淡泊无以明志，非宁静无以致远”的情操相契合。
- 竹作为一种设计语言，有着非常重要的意义，清雅淡泊，是为谦谦君子。

别墅分为地下一层，地上三层，业主从事红酒事业，此别墅除度假休闲功能外，兼顾轻度会所功能，比如举办一些私人红酒主题酒会。地下层为娱乐活动层，一层为商务会客、餐饮，二楼、三楼为居住层，动静分离，卧室床头的马头墙来源于粉墙黛瓦的演变，删繁就简，符合现代人的简洁观念。马头墙和木质格栅顶结合犹如自然天成。天边树若荠，江畔洲如月。床头一幅明月枝头道尽主人淡泊明志的心境。

隐去传统中式繁复沉重的设计表现，用减法来表达东方元素。简洁的栏栅屏风，由竹的形态延伸而至，减去具象的形态，点到即止。客厅与餐厅高低错落，既明确了空间界限，也体现东方意境疏浅高低的空间布局。人物动线清晰简单，无多余的拐弯抹角，围绕简居简行的中心，是现代人居环境一种新的尝试。

江湾御景1801

Riverside Villa 1801

主案设计：张清华
项目面积：560平方米

- 维其意，行致野。
- 要求环境要有禅意，以喝茶接待为主兼顾办公。
- 在视觉所到之处，材料、家具、摆件尽可能的尊崇自然，敬茶除尘。

本案设计整体定位为“禅茶一味”的设计理念，紧紧围绕禅宗茶道:和、敬、清、寂的思路。和——各区域尽可能的见山、见水、见天，达到天人合一。敬——在视觉所到之处，材料、家具、摆件尽可能的尊崇自然，敬茶除尘。清——放弃装饰符号，把外景引入室内，寄情于山水，让心感受到宽广，让生命感到洁然清雅，清静养心。寂一一空间各自寂静独立且相互灵活惯通，采用移步换景的园林手法穿插室内景观。

在原始空中别墅结构上隔入四合院的设计理念，采用别具一格的“空间向上升”的布局，将各区域联系起来，创造性尝试高层现代合院城市别墅新思路。

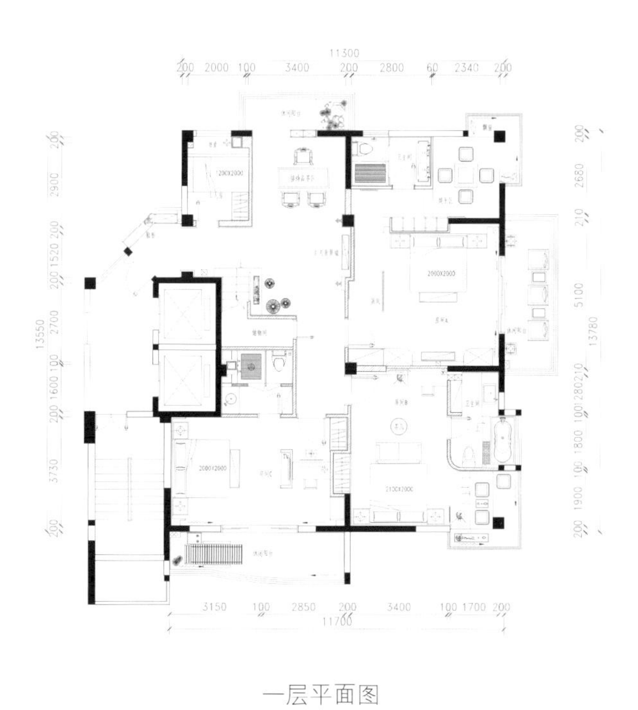
11300
200 2000 100 3400 200 2800 60 2340 200
3150 100 2850 200 3400 100 1700 200
11700
13550
13780

一层平面图

名人府

Mansion

主案设计：陈成
项目面积：240平方米

- 中式的雅致和现代的舒适完美结合，在生活中品味深远。
- 红木窗棂在挑高背景墙上显得沉稳。
- 木质家具，亲切自然。

庆万家、珠帘半卷，绰约歌裙舞袖。传统工艺制作的原木漆画屏风将客厅区做了软隔断，进入区域时的开阔和入座后的私密，兼而有之。厨房做了中西分离的开放式设计，厨房与休闲茶座比邻而置；竹帘慢放，就是个静谧空间。设计师对茶室的用心见解独到，不需名贵茶具，只需斗室与心。窗外即是四季风景，杯中就有千滋百味，真正的茶味在于寂静的心。

三种中式卧室一一展现。主卧，风格的最大化，窗棂、宫灯，在光源的配搭下，展现优雅大家风范。儿童房，蓝色系下的点睛之笔，满屋都被亮丽的蓝色占领。老人房，端庄丰华的东方境界，泼墨勾勒的画卷静置于窗前，与景融于一处。

KITCHEN
RESTAURANT
UP
AISLE
PARLOR
BALCONY 2
ENTRANCE
BATHROOM
BEDROOM 1
BALCONY 1

一层平面图

二层平面图

ZA

本来生活

Original Life

主案设计：程晖 / 设计公司：唯木空间设计
项目面积：140平方米

- 将中国京韵和北欧自然风进行融合。
- 人工打磨的实木梯子和实木台面，给空间带来温暖。
- 纯白色调，营造完美的纯净家居世界。
- 用几何造型的墙进行“隔断”。

见宅如人，抛开一切华而不实的装饰，保留建筑最本真的空间属性，成就“本来生活”。

改造后的房子由原来的两室两厅直接变成一个超大的大开间，打破空间的隔阂，每个功能区都仿佛沐浴在阳光下。四白落地的墙面、自流平的地面，看似简单的材质却在空间营造中渗透着设计师的心思。虽然空间结构被全部打开，但并不意味着空间是一个完全开放的概念。

露与藏在这个设计里有着微妙又有趣的关联，功能区之间没有绝对的间隔，只用瓦片、竹子、轻体墙等巧妙充当区域标志。卧室的床紧邻着浴缸，躺在床上一转头就能看见客厅的沙发和灯光。空间里一切都是极简的，除了必需的生活配置和家居用品，没有一样是多余的。

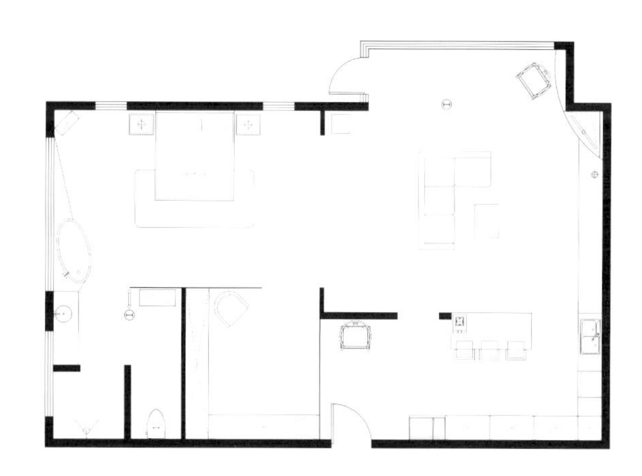

一层平面图

二层平面图

自然中式
Nature

主案设计：董然
项目面积：158平方米

■ 自然简约元素协调统一。
■ 室内外空间和园林景观的互动与对话。
■ 天然材料铺陈出舒适安逸的生活情趣。

喜欢幽静闲适的情调，想要摒弃都市的喧闹，回归生活。

本案整个空间里可以很明显感受到东方文化气息，但又显得不那么沉闷，设计师把中式简洁和稳重表露无遗。

同时，运用原木、植物、田园景观，把自然的景观带回家。采用自然简约的装饰材料，环保又不失清新。

赋·采

Mansion

主案设计：杨焕生
项目面积：331平方米

- 结合创作艺术与精致工艺，把色彩巧妙融入生活中。
- 大面积落地窗，丰富采光，通风对流。
- 由视角延续的开阔，公共空间彼此交迭，引导渐进式空间层次律动。

本案从玄关、客餐厅至厨房，是一个长方形的建筑空间，也是完全开放的尺度，要让人不存疑这些各自独立的空间要如何并存在同一个当下，而起融合作用的，是将14幅连续且极具韵律感的晕染画作。镶嵌于垂直面域上，落实视角的想象，改变检视艺术的视角角度，实践内心期望的生活方式，一开一阖之间创造出静态韵律与动态界面屏风，让连续性的延伸感蔓延全室，用弧形线条，如卷纸轴般的轻巧挂于天花板上，饱满及圆润并攀延至墙面及柱体，使每一面视野都有自己的诗篇在流露，创造优雅又舒适又美好生活。大面L型的落地窗环绕，拥抱了眺望城市的最佳视野，想把这样无尽无边的辽阔感延伸至室内来，但却要去除那份属于都市中，或繁忙或冷漠的，让去芜存菁的空间能响应居住者的初衷与内涵，拥有属于家的放松与温度。

此复式样板房拥有多个露台、悠闲区，以现代中式为展示主题，结合休闲、娱乐，使业主能够充分享受该户型附近的优美生态环境，从而达到理想的展示效果。

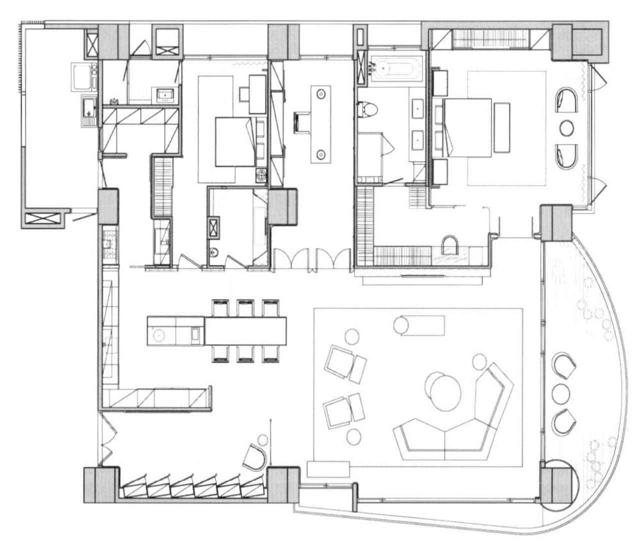

平面图

BOB MANDERS

诺丁山住宅
Notting Hill

主案设计：谢辉
项目面积：220平方米

- 球形的壁灯，整洁的坐垫椅配上两个三角圆桌。
- 小空间宽敞大气，不浮夸。
- 桌上仿佛两朵白云悬挂顶端的吊灯，使用餐氛围悠闲浪漫。

业主是一位精致、时尚同时又喜欢摆弄旧物的女子，所以设计师选择了沉稳淡雅的黑白搭配。

本案是经典的黑与白的对映。座椅、餐桌等各种家具选择了黑色，简单实用，层次分明。客厅的墙壁没有做过多的修饰，粉刷为白色。在功能布置上，设计师把原空间改造后得到了一个相对开阔大气的连贯空间，保证每个区域都尊重生活的需要，每个区域又是空间的演员，各自演绎，共同表达主人的爱好与气质符号。

房间并没有使用过强的光线，卧室、书房都只采用了一个简单的主光源，灯罩以流苏装饰，既华丽又古典，丝毫不浮夸。设计师巧妙地运用了翡翠豆荚作为餐厅的装饰，五颗豆荚象征着五福临门。散落在空间中的各式小摆件、小收藏充满了主人的个人气息，细腻而含蓄，这是设计上以人为本理念的体现。深色实木地板，让空间稳重怀旧。椅子是皮质坐垫加木质脚柱，还在休闲区的座椅下、卧室床边铺上羊毛毯，这就保证业主在神经放松时的人身保护，体现了设计师的人文关怀。卧室家具甚少，只是庄严地肃立着一个蝴蝶刻纹书柜，旁边是岿然不动的云纹扶椅，床头为四壁花鸟图，少而精致，这符合业主的追求，简单经典。

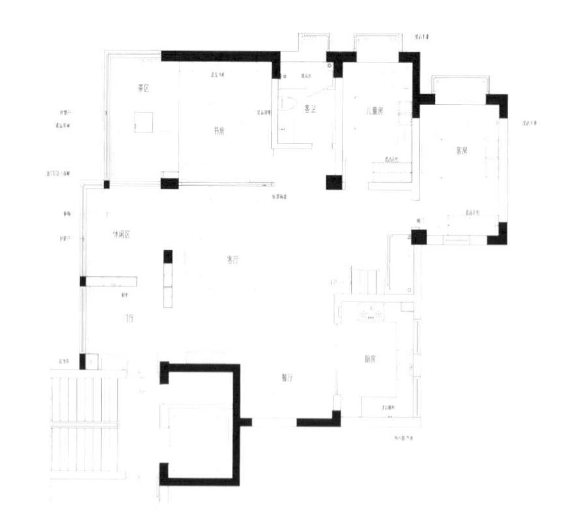

平面图

疏影

Shadows

主案设计：李康
项目面积：138平方米

- 大量运用天然木皮板，大理石与木质的完美结合。
- 现代简约手法搭配现代中式元素家具、饰品，呈现大方的新中式作品

业主喜欢简约的现代新中式设计，因此在设计中去除了传统中式的元素，线条简单、没有复杂背景、没有花哨的顶面空间，甚至连所有的顶灯都全部省去，全部以点光源代替，没有任何多余的装饰，不同材质搭配融合，结合业主的喜好搭配颜色、软装，一切都是刚刚好。

本案在原有户型上进行了较多改动，增加了进户门厅鞋柜的功能，同时将原餐厅、厨房和北露台区域重新规划调整，使空间功能布局更合理。通过对局部墙体的改造完善了两个相邻卫生间的功能调整，使业主的使用需求得到满足。同样通过对墙体的局部改造，在不减少卧室面积的情况下，使原本比较局促的北卧室也能放进满足业主使用需求的书柜。

平面图

澄净

Clean & Clear

主案设计：张鹏峰
项目面积：140平方米

- 精致、洁净的佛头雕像让人眼前一亮，印象深刻。
- 选用橡木饰面板做主材，搭配原木地板。
- 没有突兀的色彩，简约、自然、大方。

如是我聞

本案突显了寂静空灵的禅意空间，它让人感受到了一次美的洗礼——空明、澄净、洗心。设计师将禅宗的简素与自然，孤傲与幽玄，脱俗与寂静的美学特性表现出来。

客厅、餐厅、开放式厨房连成一片，显得开阔敞亮，空间放弃了多余的修饰，简洁利落的实木线条彰显主人素雅沉静，不需理会世间潮流时尚的纷纷扰扰。藏身在客厅之后的，是一间开阔的书房，占满一整面墙的落地书柜，可以把主人的至爱收藏整齐罗列，理性的线条装饰与客厅的调性一脉相承，连摆放的书本都是一个系列风格，不显摆不张扬，只按自己的喜好掌握空间的节奏。禅，是东方传统文化的精髓，讲究直心是道场，平常心便是道。本案将设计与生活相融，展示了禅意。

平面图

维科上院

The Upper House

主案设计：王杰
项目面积：200平方米

- 空间纵深感强，整体温馨素雅。
- 家具与整体风格搭配，相得益彰。
- 自然的色彩，精致的细节衬托出完美的空间层次感。

本案使用建筑结构穿插法，把一些原本阴暗的过道，充分使用线性分割，柔和色彩对比，把一个宁静、素雅、充满东方韵味的室内空间，彻底地呈现出来。

业主是一位在日本工作了26年的企业家，对细节十分的苛刻，设计师把原本一些阻碍光线的实体墙敲掉，利用建筑穿插手法，做了一个电视台的延伸，加上5个直线吊灯，形成一个自然面，让光线充分进入过道。整体设计回归东方，充满静谧之美。

一见钟情
Inner Feelings

主案设计：杨凯
项目面积：150平方米

- 运用高度差来达到视觉上的灵动。
- 定制鸡翅木拼花地板，从纹理上丰富空间。
- 定制青花砖片亮化整个空间的现代中式氛围。

当代新中式设计已经摆脱单一固有的元素构成，反之形成了中西及现代风格在空间中碰撞的多元素设计流派。

本案在创作时运用了现代横平竖直的空间设计手法，利用现代中式门楼规划了入口处玄关及过道与客厅分区的功能，体现了中式风格的曲径通幽的设计要素。青花瓷仿古砖的运用也提升了整体居室空间的品味。

中式旧家具与后现代奢华风格的皮沙发和不锈钢马毛的交椅在空间中的对话，顿然使整个设计更加富有特点。背景墙以一幅徐悲鸿的马来作为整个空间的点睛之笔，让更加有艺术品味的气息充斥在整个空间中，从而达到宜居宜赏的设计效果。

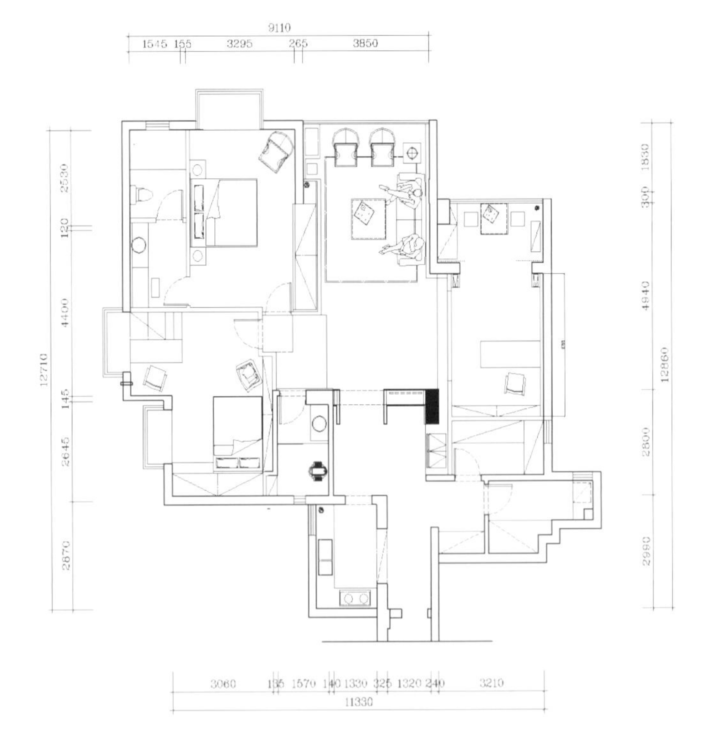

平面图

朴致居

Simplicity

主案设计：张祥镐
项目面积：350平方米

- 运用布面、皮面、石材、镜面等材质，呈现主题，打造精致、优雅的居住场所。
- 装饰线条贯穿始终，应用极致空间，将功能发挥到极致。

一个设计师对于任何一个作品，都必须要有自己的独到见解，本案中，设计师把台北市都会的精致精神带进了这个居住场域，而整体配色，绝对是为此业主重新量身定作，这就是空间设计师必须要有的都市面的个人独到见解及观点。

空间布局上，将所有过道用展示性的平面手法呈现，包含沙发后方的精品柜体，以及入口玄关用爱玛仕的皮面收边。主卧与书房，用了精准对位的空间布局，让不同属性的空间，得以以丰富的层次来呈现。

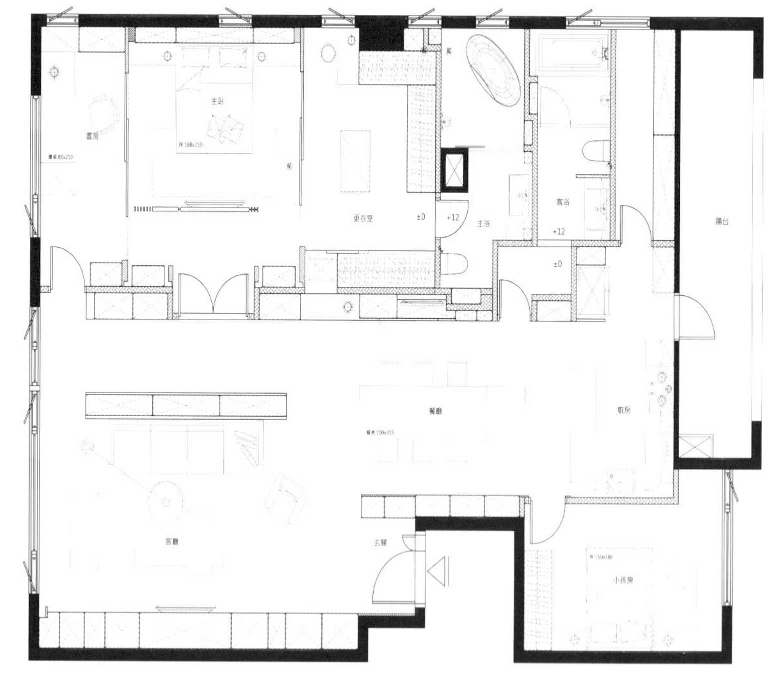

平面图

流年花开淡墨痕

The Ink Marks

主案设计：程明 / 设计公司：温州金石建设
项目面积：180平方米

- 空间色彩和陈设简明淡然。
- 对比色和谐，设计简约、大方、成熟。

本案处于建筑顶楼，光线充沛，使用黛绿和米色能让人感受到亲和、温暖和放松。点一炷香，淡淡的香味，淡淡的水墨画，淡淡的心情，淡是一种心态，一种风格，也是一种生活方式。

“高淡清虚即是家，何须须占好烟霞。”一个没有浓妆艳抹的家，岁月流逝，质朴、清淡方显其耐读的本质。将白天里常用的起居空间布置在南向，可以享受到更多的阳光，另外，动、静线路分明将干扰降到最低。在暖色的整体环境中，立面上运用两块孔雀绿色墙板打破沉闷，使空间鲜活起来。

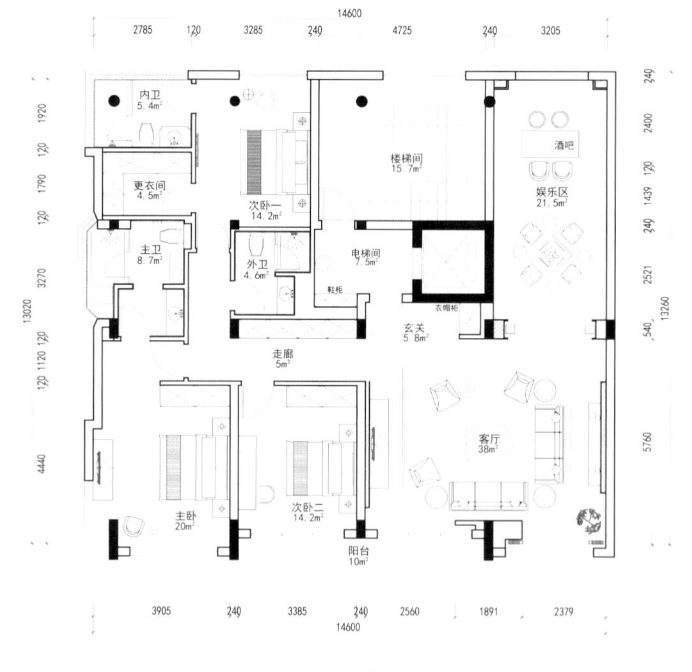

平面图

隐于山下

Hidden under the Mountain

主案设计：王峰
项目面积：165平方米

- 空间里错层走廊与客厅间立屏风，让公共厅更显规整。
- 运用白土、木、砖、石等自然元素，让设计回归自然。
- 现代设计、中式元素、古典家具等元素融合。

隐，即是消隐，隐藏，隐居。设计师想要表达的主题是：远离现代城市的嘈杂和喧嚣，为自己的心灵在嘈杂的环境中寻找一份宁静。

闲逸潇洒的生活不一定要到林泉野径去才能体会得到，更高层次的隐逸生活是在都市繁华之中的心灵净土。打开家门，一抹绿色映入画面，高窗，竹帘，微风徐徐，吹动心弦的幽静。地面枯山水的造景以及充满生命力的龟背竹的根茎，犹如深深植入土壤中。走进房间的一瞬间便体会曲径通幽，别有洞天。厨房区域拆除了原有墙体，并采用夹绢玻璃增加客、餐、厨的开敞的视觉享受。三个区域空间相对单独，做到收，又互相连接，做到放，收放之间，让视野不断变换。

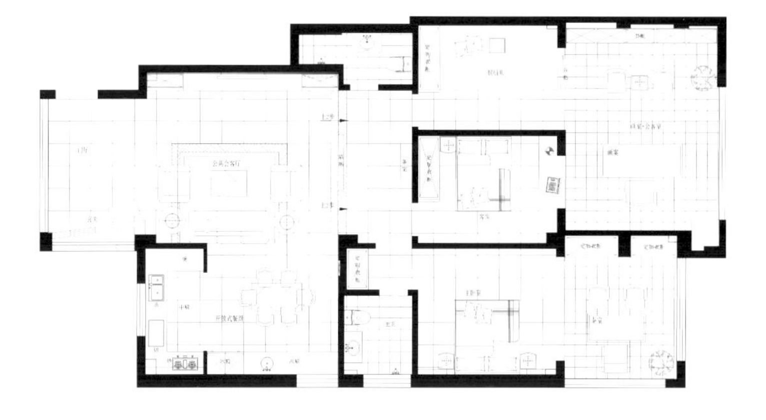

平面图

THE HOTEL BOOK
Arietta
Arietta
THE HOTEL BOOK

淡然悠远

Peace

主案设计：黎广浓
项目面积：530平方米

- 客厅整体以深色为主色调。
- 淡雅空间以现代主义手法诠释，注入中式风雅意境。
- 空间散发淡然悠远的人文气韵。

以我们对传统文化深刻的理解来展开全新的创意与分享，来书写精致生活与文化韵味，期待能够牵起其对人文生活的真实感动。

玄关墙面大片的自然质感凹凸石面，立体感观，配以中式案台及宫灯，以及实木条制作的壁式鞋柜，光影交错，富有韵味；餐厅线条简洁，格调高雅，侧墙配以抽象装饰面，与远端深色的实木凹凸墙面形成视觉上的冲击，开放式的厨房设施整齐化一。空间动静相宜，轻掀墙面薄帘，美景尽收眼底，书房清雅，静心凝神，极简中式的家具，稳重大方，灯光强弱相宜，享受宁静致远的心境。恬静淡雅的空间以现代主义手法诠释，带我们进入中式的风雅意境，空间散发淡然悠远的人文气韵，简约优美的家具搭配，适应现代人对生活品质的追求。

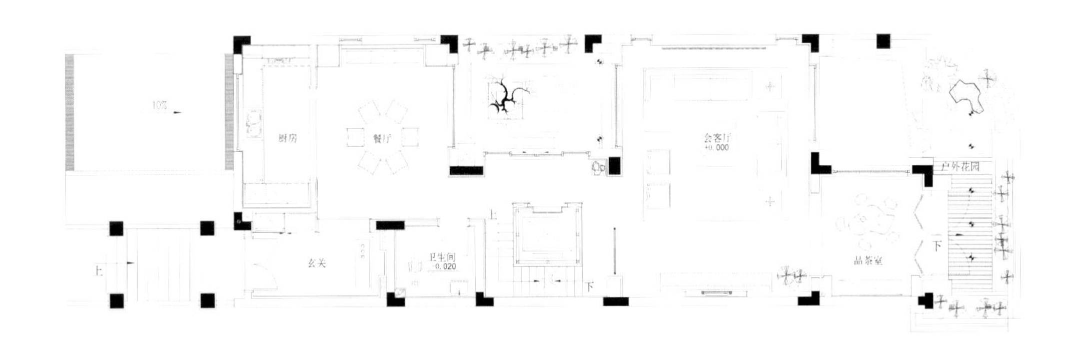

一层平面图

PHILIPS

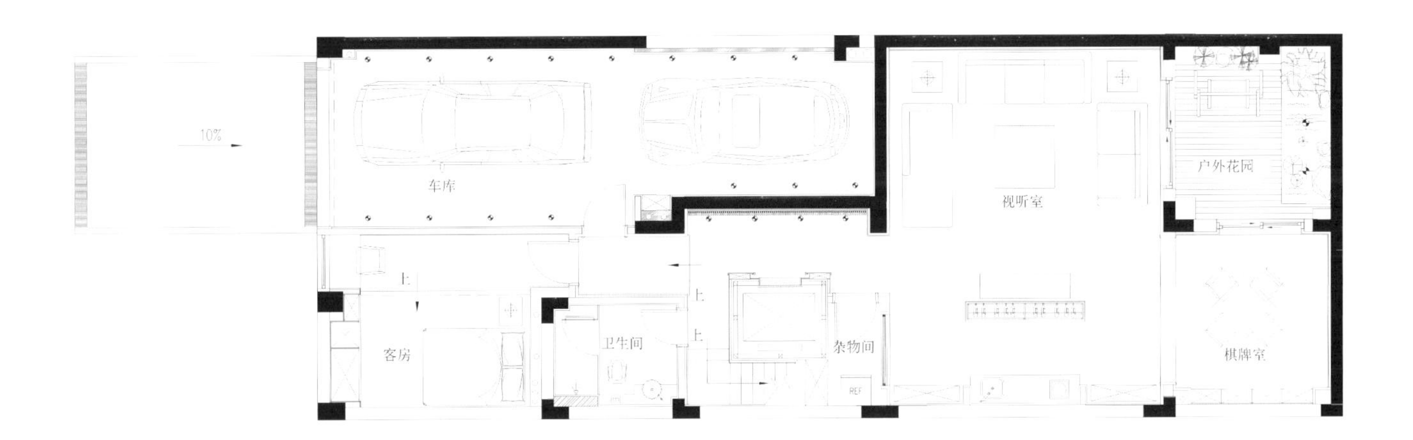

二层平面图

书香致远

Literary Family

主案设计：郑杨辉
项目面积：360平方米

- 采用不同色阶的黑白灰，调和出一个极简的时尚空间。
- 用陶瓷艺术品、绿植给空间“填空”，打造空灵的环境。
- 大面积的实木铺陈，给人舒适温馨的审美体验。

家是人们赖以生存和活动的最重要的空间环境，无论是高楼别墅，还是小小平房，或多或少都会带着主人的气质和品味。设计师在充分了解业主需求的基础上，精心调配出妥适的格局。净白空间里，由“书”这一元素延伸出的各种造型、手法，营造出灵气盎然的人文意境。

客厅的设计充分应用了“书”元素这一有意味、有内涵的形式。客厅的地板通过光面与哑光面瓷砖的结合来形成一种独特的视觉效果，设计师特意将其切割成不同大小的“书脊”形状，跟墙面形成一体式的造型，而且与“书盒”外观的厨卫连体空间形成呼应，给人浑然一体的构图美感。书架也是采用异形拼贴手法，富有动感。

餐厅的吊顶被设计师有意“拔高”，使空间更通透，古朴谐趣的壁画默默倾诉着“家和”“有余”的中华情结。餐厅旁边的玻璃推拉门既可以隔离油烟，又放大了空间的视野。另外，设计师还从传统水墨画艺术中汲取灵感，对客餐厅空间进行虚实结合、张弛有度且富有层次感的分隔，通过其独特的艺术形象和文化性，将更多的信息附加于空间界面之上。

卧室采用不同色阶的黑白灰，调和出一个极简的时尚空间，大面积的实木铺陈，给人舒适温馨的审美体验。

沉稳气韵

Artistic Conception

主案设计：陈新
项目面积：300平方米

- 客厅简约、大气、沉稳，卧室矜贵、高雅。
- 棕色的太师椅、胡桃木的窗棂。
- 古色古香的摆设带来文化意蕴相搭配。

气韵是通过人们对自然生气的感受，在此转换为对艺术作品的执着追求，室内的器物与摆设的造型和纹饰，表现出的力度、动感、节奏，符合表达的主题。本例正是通过这些细节，将中国文化特有的意蕴、气韵融于其中，使之流转生辉，散发着东方文化含蓄、沉着的气质。

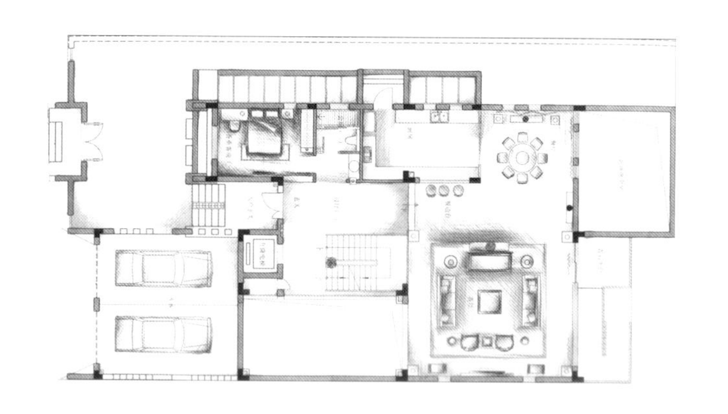

一层平面图

传统的中式风格是本案的设计重点，整个设计疏密有致，空间的装饰风格以沉稳持重为主，在把握空间内在气质的同时将文化的意味化为装饰语言，通过各种材质表现到作品中。客厅主背景墙的大面积砂岩雕饰面与白色的墙面，藏光部分会带来通透舒适的心境。客厅中的家具是古代与现代相结合，包括天花上的吊灯，虽简约大方，但仍然处处蕴涵着传统文化元素。

厨房和餐厅，形分神连，功能区的划分既完整又主次分明。整套空间在材质的运用上不拘一格，却遵循着统一的设计意蕴，空间的手法意到笔止，流淌着一股内在的气韵，人居环境与精神结合，使空间文化境界为之升华。

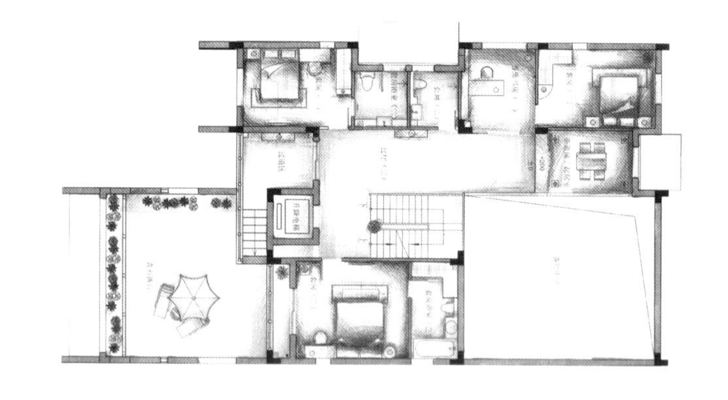

二层平面图

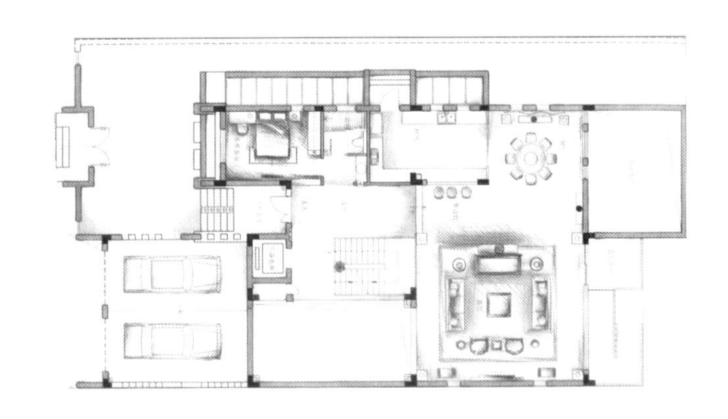

三层平面图

清雅端庄

Elegant Grace

主案设计：刘洋
项目面积：400平方米

- 风格端庄丰华，自成大气之家。
- 以传统中式结合现代生活需求，更加符合实际生活需要。

本案为现代人的居住别墅，通过对传统文化的认识，将现代需求和传统元素结合在一起，以现代人的审美需求来打造富有传统韵味的事物，让传统艺术在当今社会得到合适的体现，表达对清雅含蓄、端庄丰华的东方式精神境界的追求。这更加契合业主自身的生活理念，充分体现了业主生活的舒适度以及精神享受。

案例保留了具有中式特色的天井、庭院，又加入现代生活所需的影音室、休闲间，从风格与功能上更加完美地诠释了中式的魅力。以较多的木质材质修饰环境，辅以硬包，软装上加以富含中式元素的墙纸、窗帘，与具有蕴含古典中式风格的实木家具承接，更显清雅端庄。

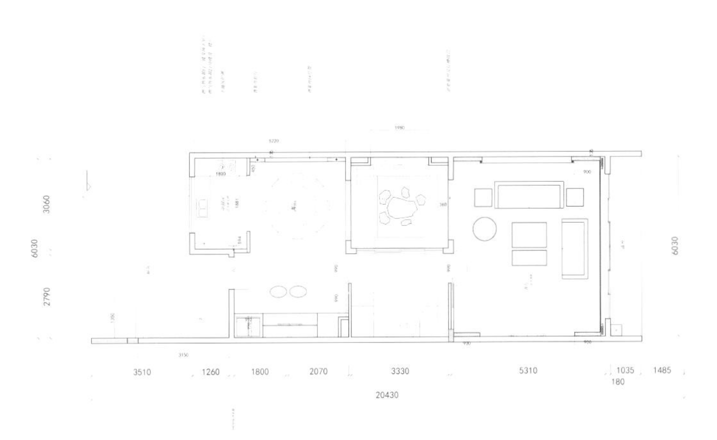
3060
6030
2790
6030
3510
1260
1800
2070
3330
5310
1035
1485
180
20430

一层平面图

绿意宅院

Green House

主案设计：查波
项目面积：700平方米

- 大面积的落地窗，空间层层有阳台，保证良好通风。
- 充分利用自然界早晚和四季光线的微妙变化，用人造光线的设计来营造空间的氛围。

不同于满是瓷砖大理石构成的“土”“豪”宅，这一宅院以“线天”的形式呼应了人与环境的脉络，设计师将有限土地的深度为住宅规划面宽设计，创造了一个连接周边新旧建筑与海景三位一体的“虚室空中侧庭”场所，它符合了人们对乡村海边新生活的种种向往，更保留了传统巷弄住宅迷人的天际线景观。

建筑的基地狭长，且是斜坡，四周皆是传统中国农村的典型性自建房，任何有明显风格的建筑都会在这里显得突兀不和谐。白墙、黑瓦、灰隔断在设计师的处理下，比例尺度、颜色对比都显得安静和谐。利用斜坡下方处理成车库入口，上方是朝南的入口，小院面积二十平方米，入口是下沉式水池，布置了荷花和锦鲤，一边还有红枫和绿地。整体环境风格上，做到了层层有阳台和绿树，层层阳台可以相互互动对话。

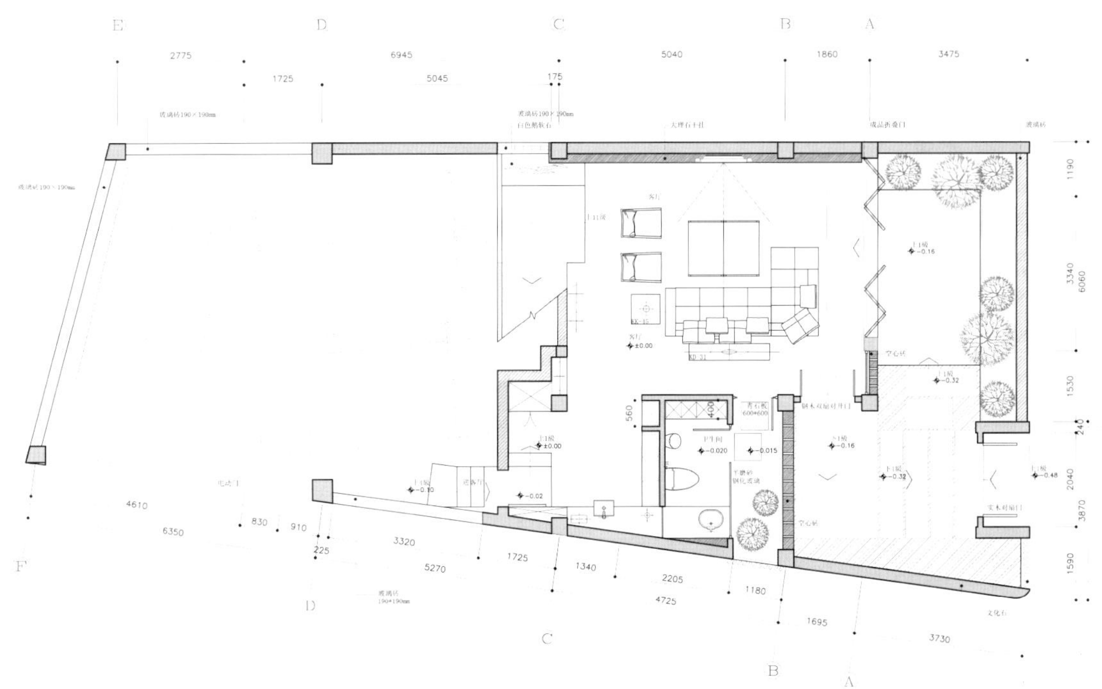

E
D
C
B
A
2775
6945
5040
1860
3475
1725
5045
175
1190
3340
6060
1530
240
2040
3870
1590
4610
6350
830
910
225
3320
5270
1725
1340
2205
4725
1180
1695
3730
F'
D
C
B
A

平面图

于舍

Yu House

主案设计：许建国 / 设计公司：合肥许建国建筑室内装饰设计有限公司
项目面积：480平方米

- 现代与原始的冲突对立，又如此融合。
- 选用木质材料，表达朴素之美。
- 电梯口的按键设计，采用原木柱，突出表现对自然魂的追随，灵性的阐述。

本案以“返璞归真”为主题，一路慢行，走进舒坦平和的家居空间，处处留芳，充满人文情怀、朴素诗意。海子说：我有一所房子，面朝大海，春暖花开。

当下的生活已在不经意之间被我们复杂化了，多余而繁盛的设计常常会掩盖生活本身的需要，凸显人的精神空无。所以，对于真正理解生活本质的现代人来说，更倡导内心与外物合一的返璞归真的美学主张。

设计师从地域环境、人物性格、东方之美出发，通过精细的考量和规划，采用大量的最优温度、最有感情的木质元素和天然材质，对门和窗的精心设计，力图打造出一个充满自然气息和人情味的空间。考虑到业主家人，从老人到小孩，所以在空间划分上也精雕细琢，一层公共空间，倡导人文情怀；二层是老人房及客房，注重功能的便捷；三层是主人房空间，注重一体化；四层女儿房则考虑到业主女儿的留学经历，融合法式风格，是中西的完美切合。

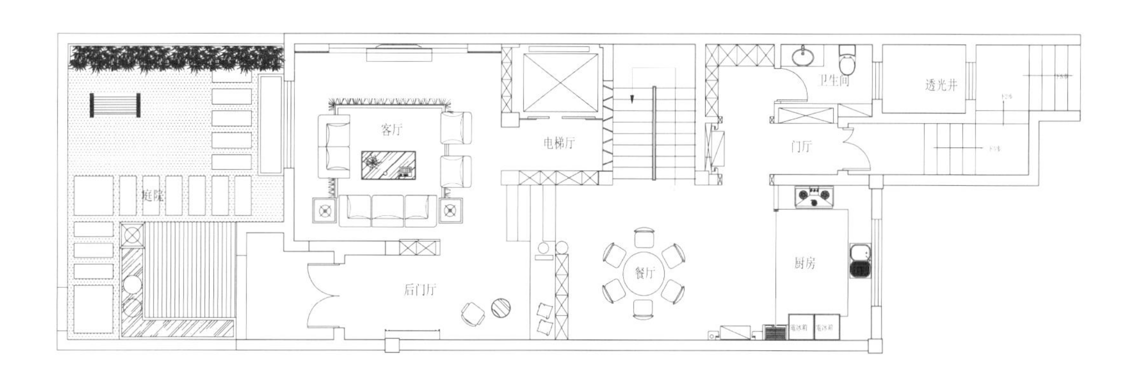

平面图

中式贵气

Traditional Chinese Style

主案设计：王本立 / 设计公司：河南西元绘空间设计有限公司
项目面积：500平方米

- 红木圆餐桌线条优美、雕工精致，头顶上中式的藻井天花，极尽皇家贵气。
- 利用自然落差，书房临窗设计流水小景，与窗外山景相映成趣。

本案是一个独栋别墅，业主喜欢收藏红木家具，他希望他的家可以让那些红木家具在这里相得益彰，和谐美好。红木家具虽然名贵，但是如果搭配不当，很容易落入俗套。本案利用中国传统木花格、中式藻井、条案、中国画等，重新提炼，结合现代生活方式，力求达到传统与现代的完美结合，使整个空间呈现雍容华贵、大气典雅。

入口玄关处，红木条案上放着一高一矮两个花瓶，一支干松枝笑迎宾主。步入客厅，首先映入眼帘的是4米多高的白色大理石电视背景墙，设计师运用大理石的自然纹理，拼成了一幅气势宏伟的山水画。客厅的四角由八根金丝楠圆柱连接天地，中心天花是红木雕刻的祥云图案，与红木沙发遥相呼应，方正的吊灯洒落下温暖的光芒，高贵尽显。主卧的一幅《富贵白头》花鸟画，寓意主人公恩爱天长，白头到老；而天花设计尽显设计师的人性化，其他区域尽可华贵优雅，而床的正上方却全部留白，没有压抑之感，仿佛是为了安放主人公安然无忧的中国梦。

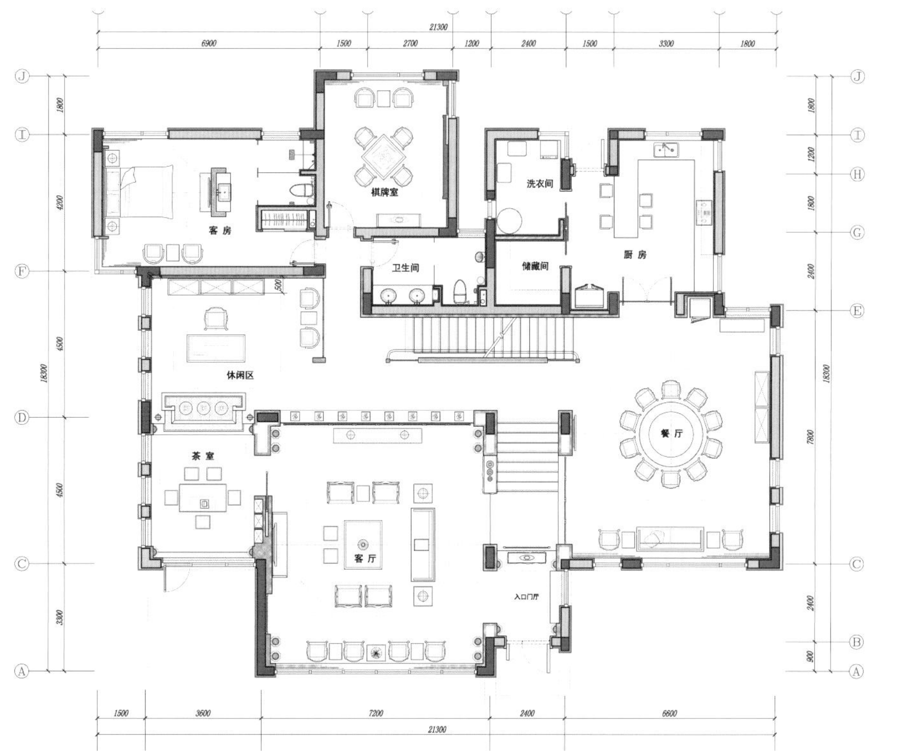
21300
6900
1500
2700
1200
2400
1500
3300
1800
棋牌室
客房
洗衣间
卫生间
储藏间
厨房
休闲区
茶室
餐厅
客厅
入口门厅
1500
3600
7200
2400
6600
21300

平面图

务本堂别墅

Wu Ben Tang

主案设计：黄伟虎
项目面积：340平方米

- 在不改变原有建筑状态的基础上，让建筑发挥新的生命力。
- 在保留原有中式风格的基础上，加强园林式的改造。
- 完善原来没有的假山水景与回廊，运用现代手法来塑造古建筑。

務本堂
圖書萬卷生古香
花木一庭得春氣
暮聞山寺多清音
晚看雲霞出海曙

务本在论语中即是孝敬父母之意，又为茫茫宇宙人生、宇道天理，而天理即本心、良知，五百多年前筑宅之主人以此为正厅名，充分体现了吾华夏悠久的历史文化底蕴和朴素的人文情怀。

“君子务本，本立而道生”务本堂别墅前生是苏州东山岛上残破的控制保护建筑，正厅“务本堂”更是已有五百多年历史的老宅。设计除了局部修缮外，整个改造成苏式园林的风格，由于古建繁琐厚重的形式往往会让人感到压抑和沉闷，所以设计尽量考虑保持园林风格的同时又符合现代人居住的喜好和审美感受，在筑山理水之间达到古典与现代相结合、内外相统一。古为今用、为人服务是这套别墅设计最根本的思想。在内部空间中注入现代的设计思维方式，以期达到古建筑与现代人居生活模式的一个平衡点。

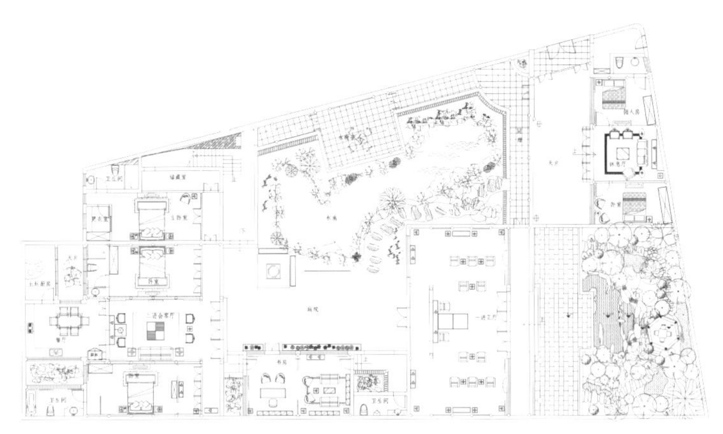

一层平面图

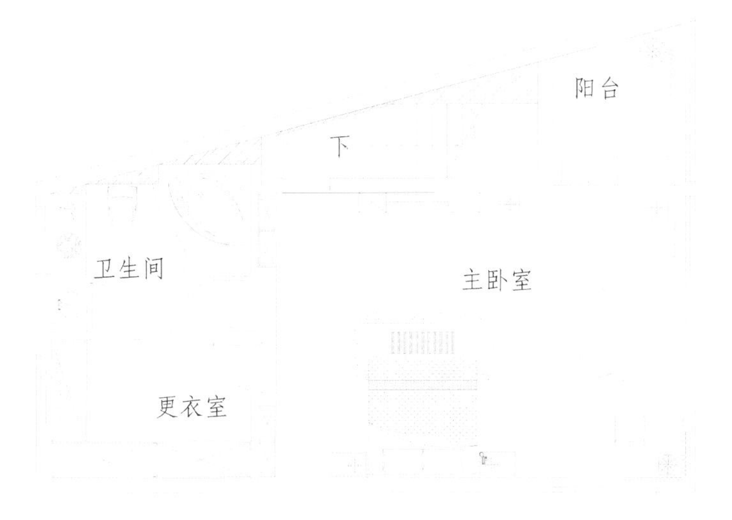

二层平面图

东方的自然生活品味

Natural Life

主案设计：严海明
项目面积：400平方米

■ 部分制作保留大锯切割的自然锯痕。
■ 现代简洁手法搭配中式风格家具，充满韵味。

在当下中国，快速变化更新的时代，全球文化交杂大汇集，五千年的中国东方文化也大放异彩。在当今，回归追求贴近大自然的人居环境也将是人性的回归，东方文化更是来自大自然的提炼。本案大胆尝试把最原始的自然元素、东方古文化以现代简洁设计手法营造出一个充满东方文化氛围、自然、新鲜、闲趣、舒适、健康、令人惊叹的生活家居。

摆脱了中式风格惯有的“沉”“稳”“闷”；以“自然”打破精细、雕琢、修饰惯用的设计思路；设计师设计了部分独特的活动家具，起到点睛之笔的作用，使得更好营造了整个环境氛围。预留出占到了建筑面积三分之一的大空间景观阳台、景观大露台，使得居所与大自然亲密接触。三楼空间，隔墙上半部分采用了透明玻璃，使得大屋顶的空间结构完美保留。

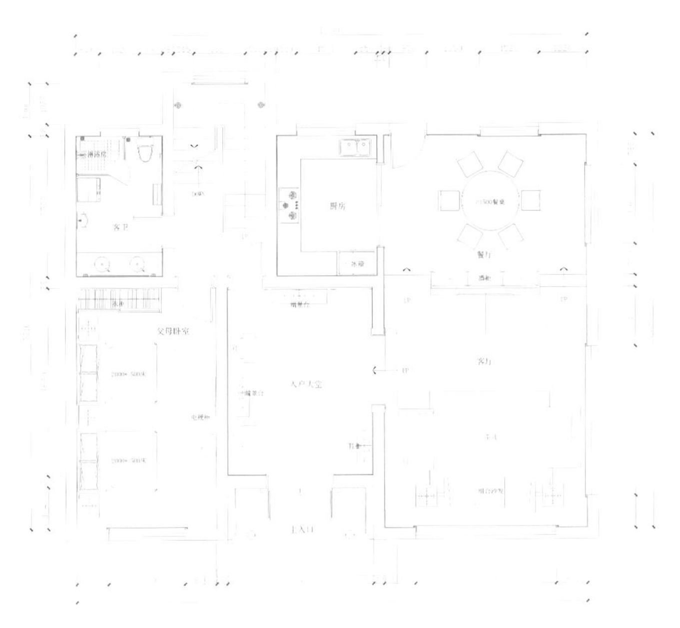

一层平面图

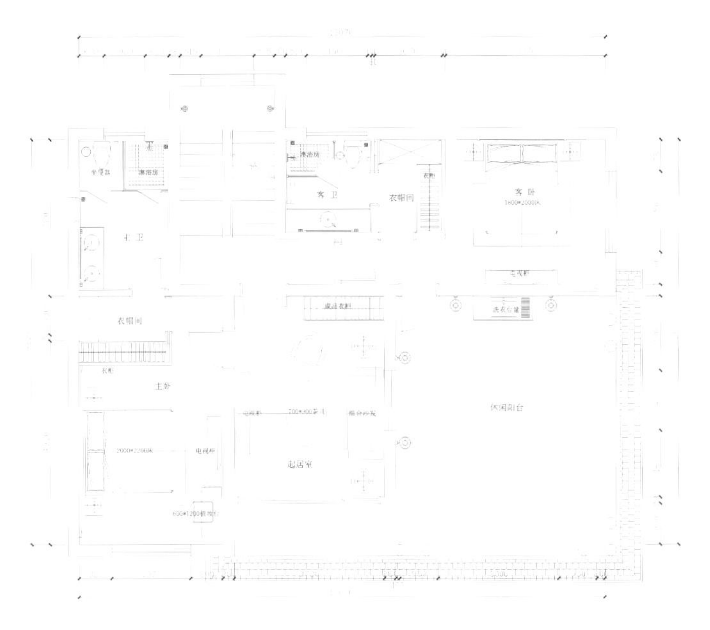

一层平面图

暖意阳光

Warm Sunshine

主案设计：魏晓瑶
项目面积：500平方米

- 大面积运用暖色材料，使整个空间开阔明亮。
- 通透的开放空间，以舒适时尚的设计手法表达清雅、充满静谧柔和的美。

在纷繁复杂、光怪陆离的城市里，简单、淳朴的生活环境能让人感到宁静放松，从而在纷扰的现实中找到心灵的平衡，设计师正是在研究浮躁社会中怎么样创造一个给人放松心灵的空间。整体空间以暖色以及原木等自然色为主，简洁干练的线条，没有任何扎眼和哗众取宠的设计，整个空间低调富有质感，沉稳不失活力。把整个空间多余的墙体全部去掉，各个空间连成一体，大胆的创新让空间的纵深感达到极致。

住宅是生活的容器，居住在其中的人，畅畅快快的生活，是最需要关注的地方，当你选择了什么样的建筑或者居住模式，就等于选择了什么样的生活，这就是本案的初衷。

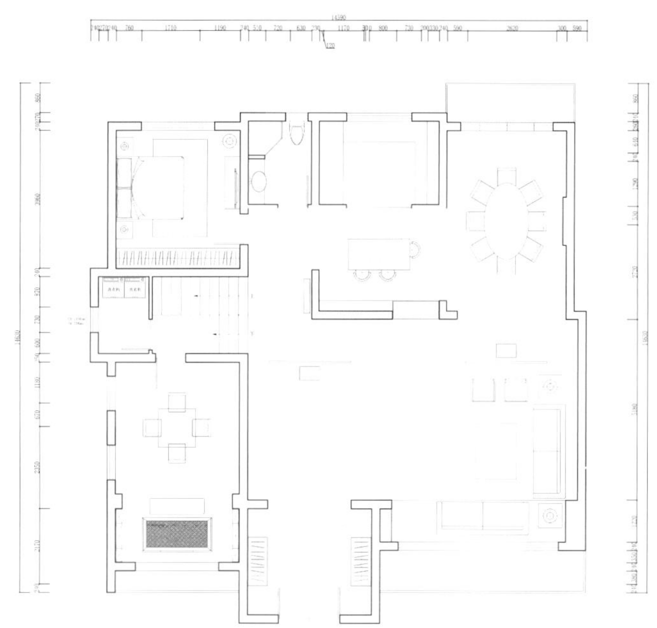

一层平面图

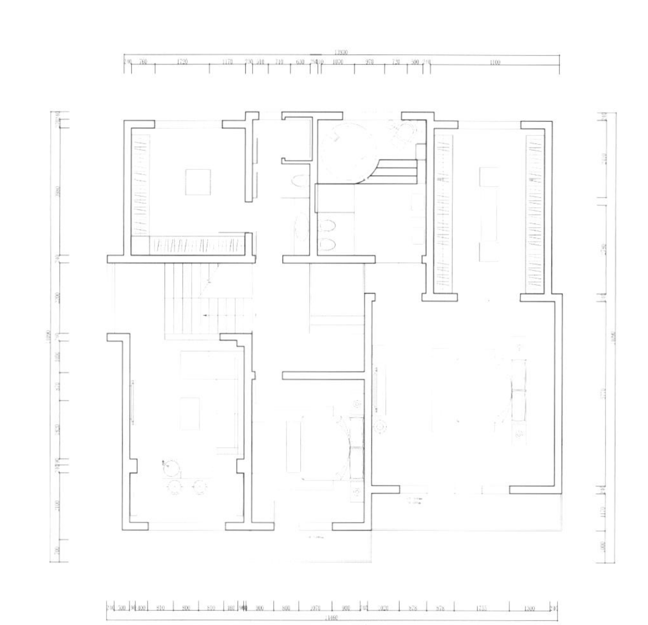

二层平面图

富村山居

Montain Villa

主案设计：吴宗宪
项目面积：331平方米

- 墨色或浓或淡，画面或虚或实。
- 极简画风生动复刻了富春江的风华，呈现宁静致远的情怀。
- 屏风的造型运用古典窗棂线条，呈现花开富贵的意象。

“沿着江岸，山峦起伏迭宕，林木苍莽郁密，景象或幽远深邃，或清朗开阔”。这样的山水之美，在黄公望描绘的《富春山居图》中彻底表现出来，以万物静观，沉淀出悠远的生命情怀，一点一滴都入图画。

位于基隆山区的这间别墅，就以《富春山居图》为设计主题，设计师特地请画家将国宝的精粹，临摹在客、餐厅与主卧的墙面上，让屋主在家实现画作合璧的梦想，符合其两岸奔波的心境，为提供另一种精神向往。一进门，映入眼帘是中式古典且揉合现代感的公共空间，除了主墙画作展现层次之美，天花板更以日式庭园的枯山水的立体造型，来增添人文气韵。

此外，中式古典设计中，屏风与格栅的元素也相当多见。转入餐厅，立面与屏风围塑一贯风格，而除了延续美感之外。也贴心地为屋主加入机能设计，在餐厅的侧墙规划一座柜体，上方能吊挂宾客衣物，中段平台可放置包包等物品，下方则作为收纳之用，满足招待亲友聚会的需求与生活收纳之用。

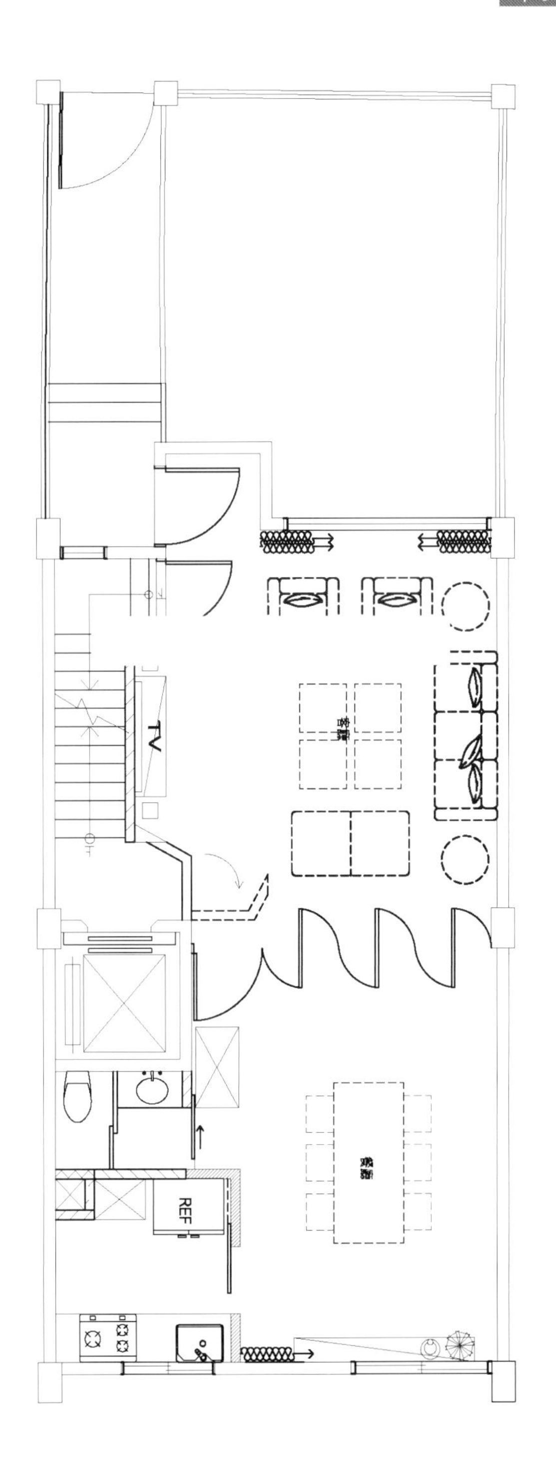

一层平面图

生命中美好的阶段

Beauty in Life

主案设计：叶雨琪
项目面积：258平方米

- 以白色为主基调，纯净朴实。
- 空间材料以木质为主，自然，清新。
- 开放式客厅，以电视墙为中心，空间开阔。

阳光洒落，微风吹起，透过大面落地窗，将室外自然与室内天然木质融为一体，营造自然纯净的居住氛围，疗愈居住者疲惫的身心，导入正面能量，以简单舒适的语汇温润生命中美好的阶段。

保留最朴实的态度，设计师采取大量木质与白色色调为基底，引入天然纯净的语汇。考察动线问题，设计师去除掉多余的格间，采取开放性布局，以电视墙为中心，将书房与客餐厅串联，使整体空间宽阔舒适，并将收纳功能巧妙带入。来到主卧室，床头背墙处使用宁和的灰色，搭配木地板的温润，除了基本收纳功能不添加繁杂的装饰，让私领域凝漫着最原始的纯净、悠闲的气息。整体空间以大量的白栓木钢刷木皮为主，搭配白色色调，营造自然纯净的居住氛围，在沙发背墙部分，加入些经过岁月洗涤的木质，注入另一番怀旧气息。

LOVE

LOVE

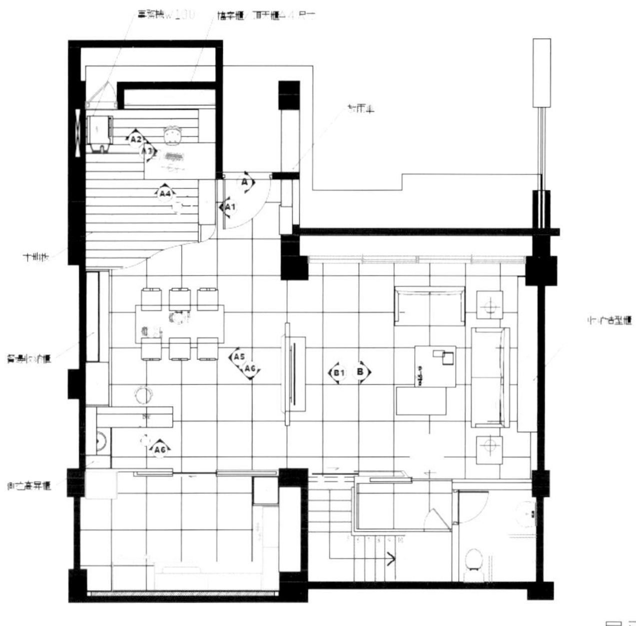

一层平面图

陌上居

House in the Field

主案设计：许长兵
项目面积：520平方米

- 自然、素雅、质朴。
- 色彩柔和，跳脱中式的生硬感。
- 空间开敞，选材自然。

本案在惠安一个山谷中，看过现场与业主沟通之后，设计师脑中立即闪现出王维的一首诗：山中相送罢，日暮掩柴扉。春草年年绿，王孙归不归。

原始建筑在空间功能、比例上都不是很合理，需要全部重新调整。设计师在选材上以自然的木、石为主，尽可能地减少装饰，少即是美。整体营造了自然、素雅、质朴的氛围。

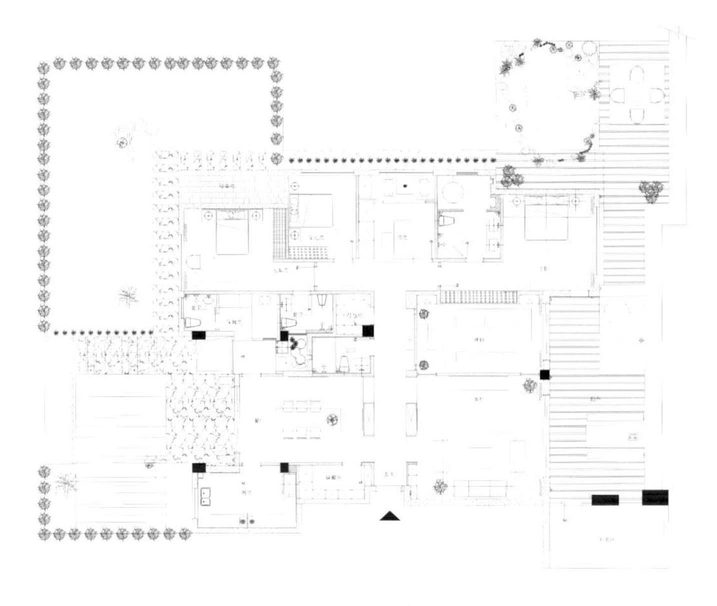

平面图

一亩暖阳

A Warm Home

主案设计：陈文茵
项目面积：396平方米

■ 宽敞的空间不受任何格局的限制。
■ 感受每分每秒宁静的片刻，体会到的将是生活故事的序幕。
■ 若把工业风的冷冽比喻成冬日，这空间则是冬日中的一亩暖阳。

NEW YORK
CENTURY
CINDERELLA
CINDERELLA
NEW
YORK

如果没有蜜蜂的存在，花朵始终只能成为一朵未有结果而凋谢的花，而我们为这个空间放入的正是工业风最缺乏的元素“温度”，天与地无形中一寒一暖，使这两种不同的材质相互调和而成有温度的工业风。

透过有温度设计的润饰，让昔日充满工业风格的铁件有了新的存在价值，好比寒风遇上暖阳，当我们跳脱出刻板的思维想法，形成的不会是排斥，而是将会涌现出更多不同的创新，在暖阳的照射下也将会擦出不同的火花。

以冰冷铁件结合富有温度的木质，细腻的手染清水模及红砖文化石取代粗犷裸底的水泥墙，平滑质感的黑色陶瓷烤漆更赋予门片、面板颠覆不同于以往的视觉与崭新面貌，拥有丰富层次却不失俐落，呈现出工业精神中的独特性。

朴·蕴

Simple · Exquisite

主案设计：胡建
项目面积：600平方米

■ 朴：实而不华。
■ 蕴：含而不露，宽和涵容。
■ 以实而不华、含而不露的气质作为构思起点，藉由东方智慧及禅意贯穿于建筑外观至室内之间的设计方向。

一层平面图

二层平面图

设计师深谙设计中"放"与"收"的辩证关系，在本案中的"收"为主体设计语言，采用常见之木材、石皮、壁布、乳胶漆等作为装饰主材，倾力打造一种阅尽繁华，生看云起的朴素质感，于平凡中见动力，于细微处见格局。整个一楼区域善用延伸的空间架构，远近位移，内外隐现，互为框景。厨房天花造型则在西式厨柜空间引入中式的屋顶元素，隐藏的木格隔栅移门让餐厨空间"隐""现"自如。室内主体楼梯直白大气，以雕塑般的稳重质感连接二、三楼区域，楼梯间的吊灯造型与室内格局摆设相得益彰，形成听风观雨落的空间感受。可说风情皆藏于细节之处。二楼主卧等区域，风格、色彩及元素仍延续一楼调性，空间感和隐私度被拉展开来，注重人文精神及身心放松的功能进一步放大。

纵观全案，空间的分割串联，材质、色彩的运用，设计师都表现出了"举重若轻"的创意能力，带来了无形却有意的空间感受。

掌控与自由
Control And Freedom

主案设计：蒋聪
项目面积：450平方米

- 共同创造的一个沉稳大气中透着活泼与明朗的作品。
- 美式风格的基础上，加入中式禅意生活元素。
- 居住空间要有着与居者相同的气质与态度，居住在与自己三观相同的空间里才可以做最真实的自己，时而沉稳严肃、时而挥洒自如。

本案的空间布局建立在两套联排别墅打通后的基础上，充分利用自然采光让空间的互动更加紧密，在功能布局上满足业主掌控全局的人生态度，在具体细节上又顾虑到他浪漫随性的生活习惯。餐厅与厨房紧邻庭院，居住者可以在自然中享受最惬意的家庭休闲时光；灯光的处理透漏设计师细腻的小心机，以分散而柔和的光线呼应每一个空间，让深色系的木饰面也变得活泼而俏皮，生活的温度跃然而出。

考虑风格及周边环境的因素，在选材上没有追求过度的奢华，墙面以木为主，体现居住者功成名就后对人生的掌控和对生活的理解，自由才是最棒的掌控全局。

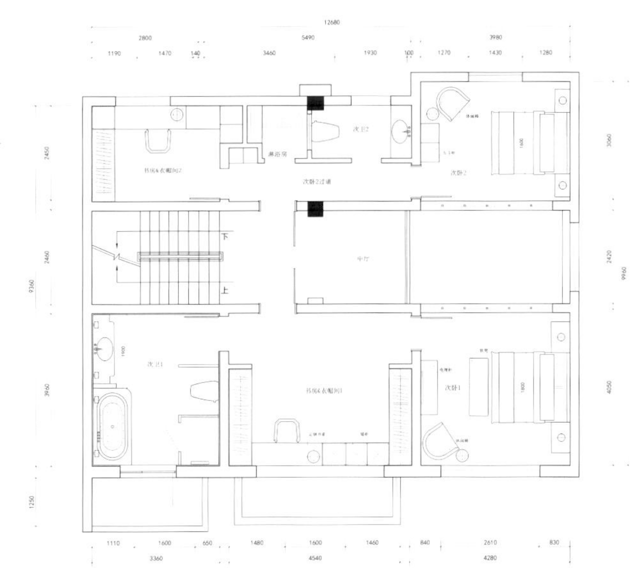
12680
2800
5490
3980
1190
1470
140
3460
1930
100
1270
1430
1280
淋浴房
次卫2
书房&衣帽间2
次卧2过道
次卧2
下
上
中厅
次卫1
书房&衣帽间1
次卧1
2450
2460
9360
3960
1250
3060
2420
9960
4050
1110
1600
650
1480
1600
1460
840
2610
830
3360
4540
4280

一层平面图

艺墅

Art Villa

主案设计：蓝鹭翔
项目面积：450平方米

- 现代风格与东方元素的协调结合最终呈现舒适的人居空间。
- 选材上没有浮夸的材质造型表现。
- 大隐住朝市，小隐入丘樊。丘樊太冷落，朝市太嚣喧，并将“行”的哲学，实践于空间美感中。

本案坐落于一个闹中取静的精致社区，拥有采光良好的优势条件。屋主为一个三世同堂的家庭，对于自己居所的期望则是具有质朴宁静、返璞归真的情怀，但儿子的独立空间的设计却希望在整体风格上更趋向于时尚感，所以两者的融入也显得异常重要。由于室内单层空间面积不大，为了满足使用功能以及实用性，此案再设计上运用了暗门、暗柜的处理手法，在公共空间中齐具各式功能却不显琐碎。并且运用了一些轻巧的细节和材质的变化来增添空间的丰富性。

本案为小区住宅顶层，为四层楼空间，一个三世同堂的居家空间。一楼空间作为会客以及就餐休闲的空间，二、三楼上则为纯休息空间，实现动静分离的空间规划，保证生活与休息的合理划分。

京城幻想曲

Beijing Fantasia

主案设计：Thomas Dariel / 设计公司：莱盟迪塞纳装潢设计（上海）有限公司
项目面积：1500平方米

- 风格化的当代艺术作品点缀着整个空间。
- 流线型的灯光造型柔化了大空间的空旷感。
- 明亮强烈的色彩、装饰性的表面纹饰、不对称的线型和形状都蓄意带来一种奇特而有趣的氛围。

A B C D
E F G H
I J K L
M N O P
Q R S T
W X

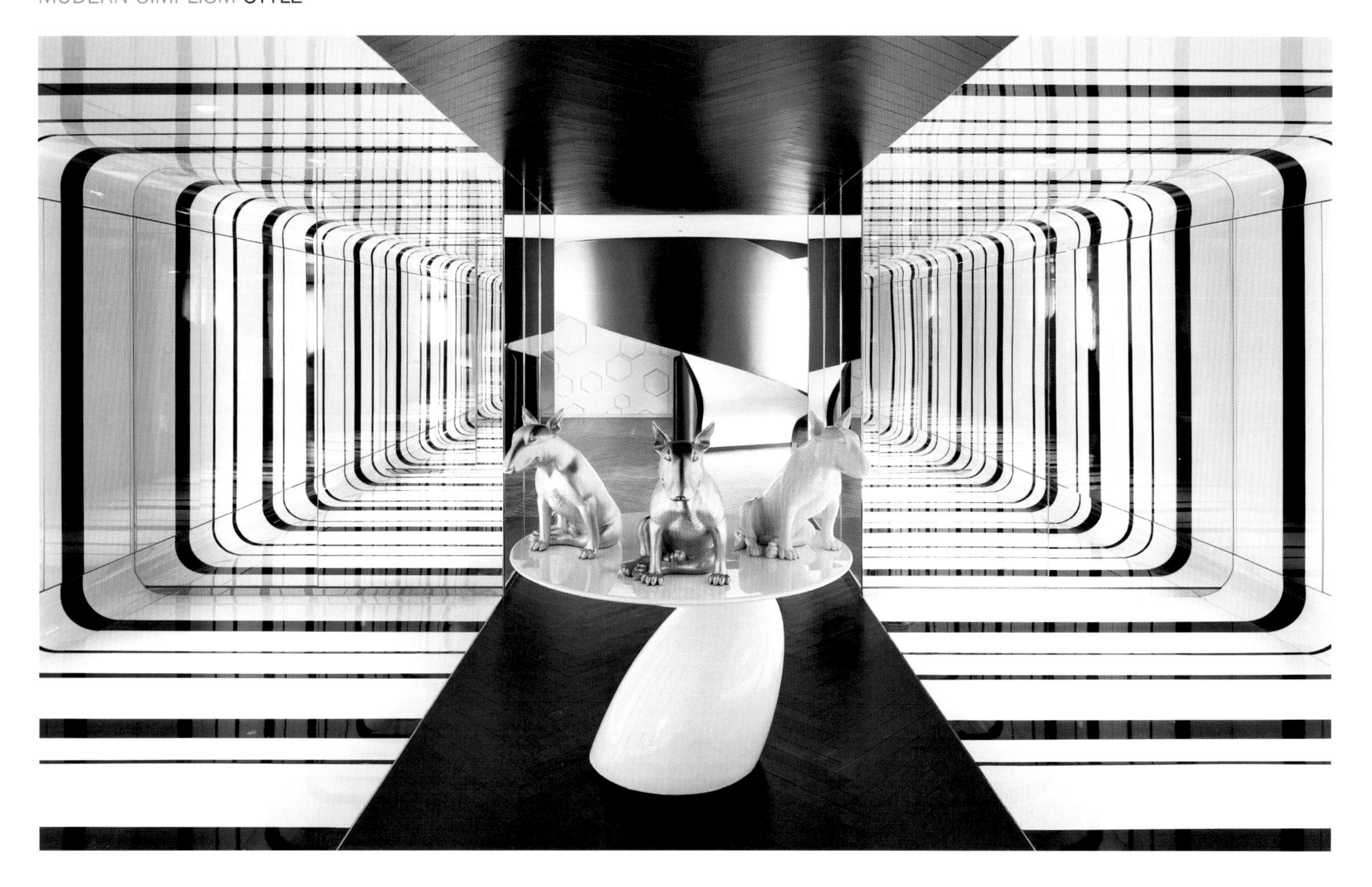

这个1500平方米大的公寓坐落于繁华的北京三里屯地区，超凡的装饰设计完全体现出业主不凡的性格。楼顶最上面的两层总共12个小公寓被全部打通组合成一个复式公寓，通过创造大容积的布局，设计师给予了这个室内设计巨大的空间感。

制造开放性的空间是首当其冲。一楼就是一个巨大的开放式区域，没有任何隔断。设计师运用不同的纹理、材质、颜色、线型和造型来区分不同的空间，让每个空间诉说不同的故事。空间布局方式也奠定了整个设计的基调，设计师在向后现代主义致以崇高的敬意。各种不同颜色碰撞出的火花，打造一个能带给人真实体验同时又感到舒适的家。

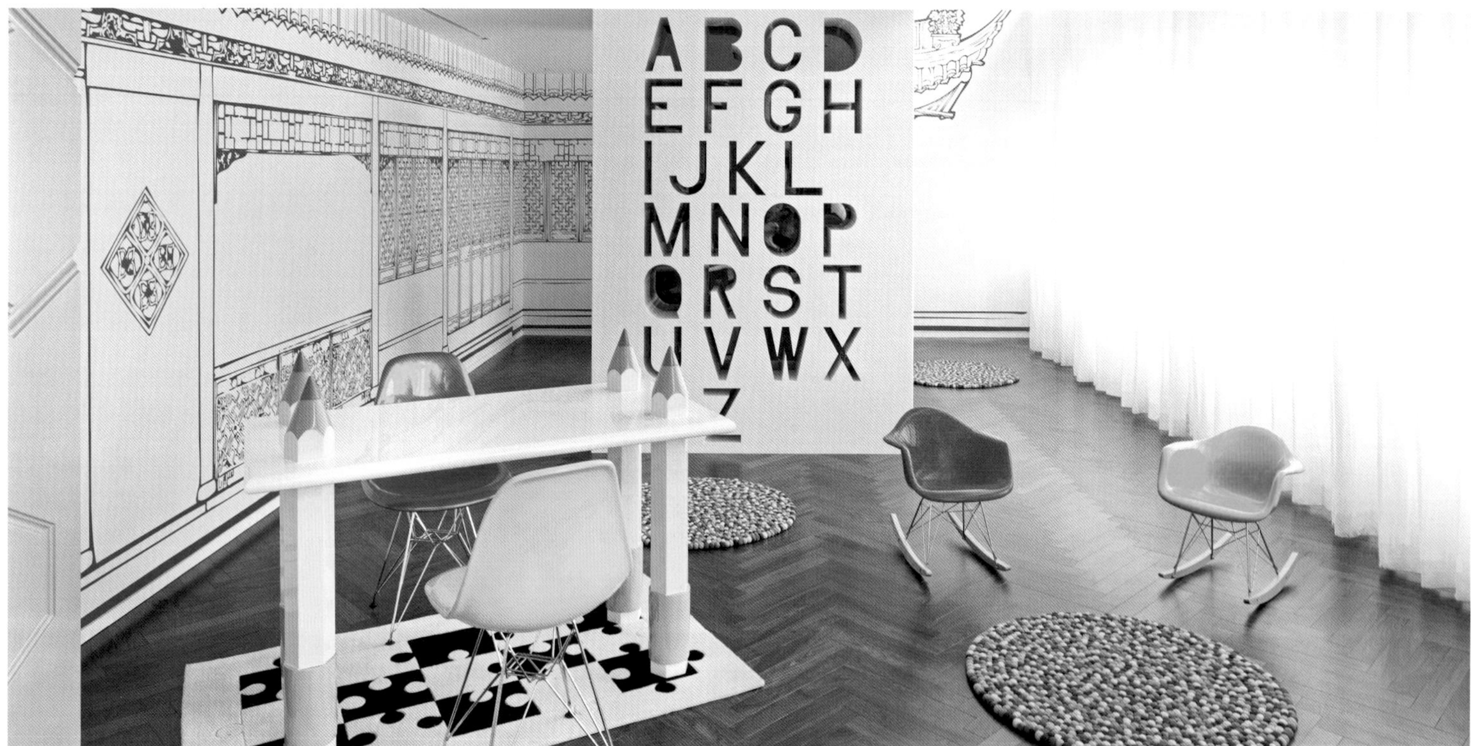
ABCD
EFGH
IJKL
MNOP
QRST
UVWX
Z

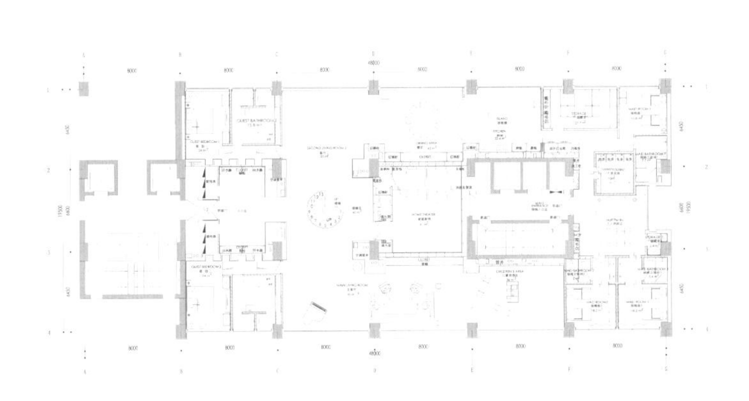

平面图

ABCD
EFGH
IJKL
MNOP

型格

Stylish

主案设计：陆槛槛 / 设计公司：陆槛槛空间设计
项目面积：140平方米

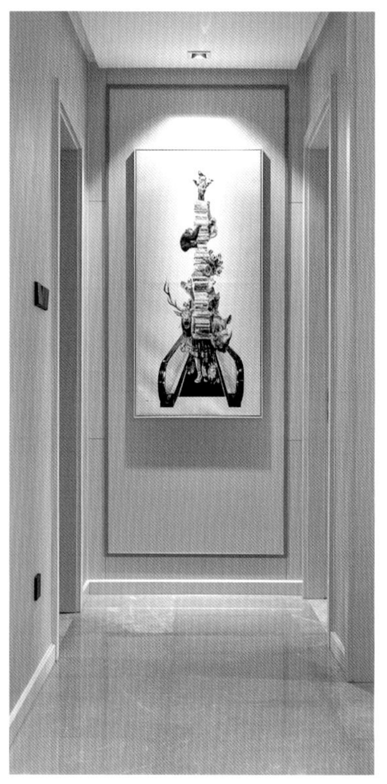

- 电视墙面巧妙地将纯色护墙板和高亮度的白色面包砖交会，质感尤佳。
- 大片落地窗，整体一面的沙发背景，简单勾勒线条的凝练。
- 整体色彩协调，素淡的空间，在阳光下呈现出宁静、明亮的氛围。

ANDREW MARTIN INTERIOR DESIGN REVIEW

平面图

在极简风潮越刮越烈的时下，当精细奢华与艺术创意邂逅，极简势力更显壮大。设计师意欲打造自然、舒适的现代雅宅，开放式的格局设定，使空间视觉与光线得以延续串联，结构上从整体维度出发，以空间为框，形成一种存在共筑的和谐状态。

本案中客厅、餐厅、厨房的关系采取自由开放的平面格局。无高低差的平整地面，均采用灰色复合大理石，利用其保养方便、易清理并贴近自然质感的特性，传达出设计的巧思，营造出舒适的场景，更点出了全区域畅行无阻的概念。卧室的色彩为温润的淡雅色调，充满生活的温度。纵观全景，整个空间没有多余的色彩、累赘的粉饰。

场景融合

Scene Fusion

主案设计：张祥镐
项目面积：300平方米

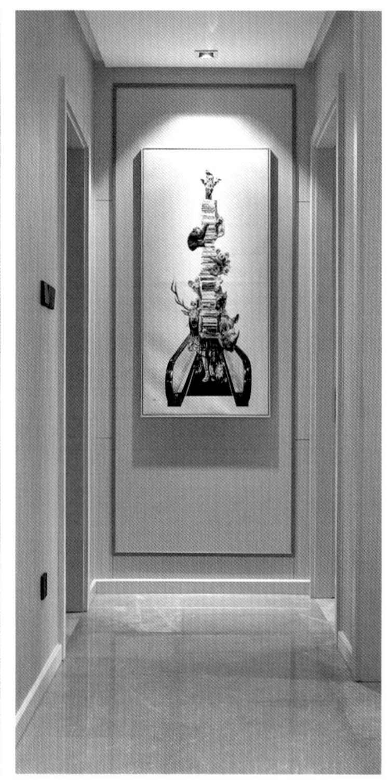

- 注重以简洁的线条和明亮的色块进行空间组合与区分。
- 选材上，颜色强调黑白灰的体、面对比。

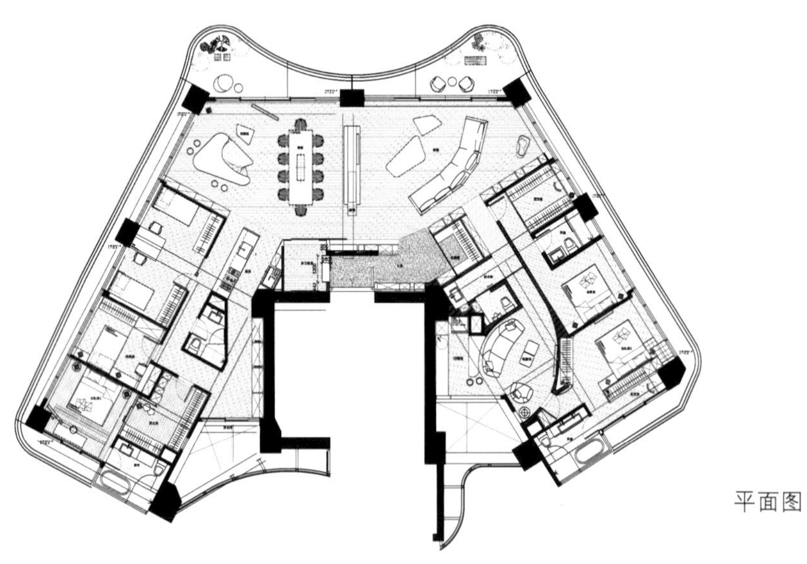

平面图

无名

Unknown

主案设计：朱印辰
项目面积：145平方米

- 当代艺术画及罗马柱头等装饰，营造不一样的艺术氛围。
- 餐桌与橱柜搭配出早餐吧台，具有生活状态的画面感。
- 木头边几与摩登家具的对撞，白色烤漆雕塑宠物狗，时尚独具一格。

本案在空间处理上采用了包容的状态，空间与空间对话加强，空间能够感受人的状态，人能够感受空间的存在，让空间也变得有思想，就算是一个人在空间，你也会觉得在和空间对话，时而安静，时而欢乐，时而稳重，时而趣味。

空间结构上原有的空中花园变成多功能区，可以作为书房，靠近落地窗的休闲椅让人更愿意在此小憩，厨房与餐厅打通作为共享区，增加餐厅与厨房的互动性，客厅家具及墙面的材质运用让空间显得稳重又不失时尚和品味。主卧空间让人安静，不管是色调、灯光还是材质肌理都能让人得以放松。

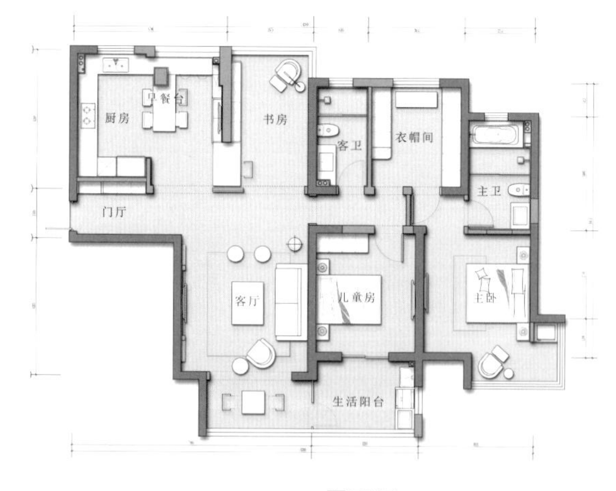

平面图

纯白之境

Pure White

主案设计：池陈平
项目面积：255平方米

- 黑、白、灰的简单过渡让家居在光影中更见优雅。
- 整体线条刚柔并济，多数收纳空间都被设计在一个个立体的白盒子里，律筑感极强。
- 大面积落地窗带来了绝妙的光影，窗外的自然风光如画般映入室内。

这是一个颇具时尚气质的极简空间，深深吸引着我们的目光。设计师和主人以两颗年轻而不羁的心，为我们碰撞出一个艺术、原始、童趣、克制的极致空间。

儿童活动室以“线塑”为理念，摩登而艺术。依托不规则的线条来实现，线条、几何、多边形被反复执拗的利用，却依然和谐地存在于书柜、地面、顶面的边角、墙面的装饰画等各个细节之处。

白色对光线最为敏感，通过巧妙安排自然光、布局室内光源的比例和位置，纯白的空间有了光线的照入，自然而然带来了明暗，带来了一年四季——一天之中永不相同的光影变幻。

移步换景之中，看到空间的张弛有度，看到光影变幻，窗外的自然构成室内的画卷，营造出别样的感官体验。

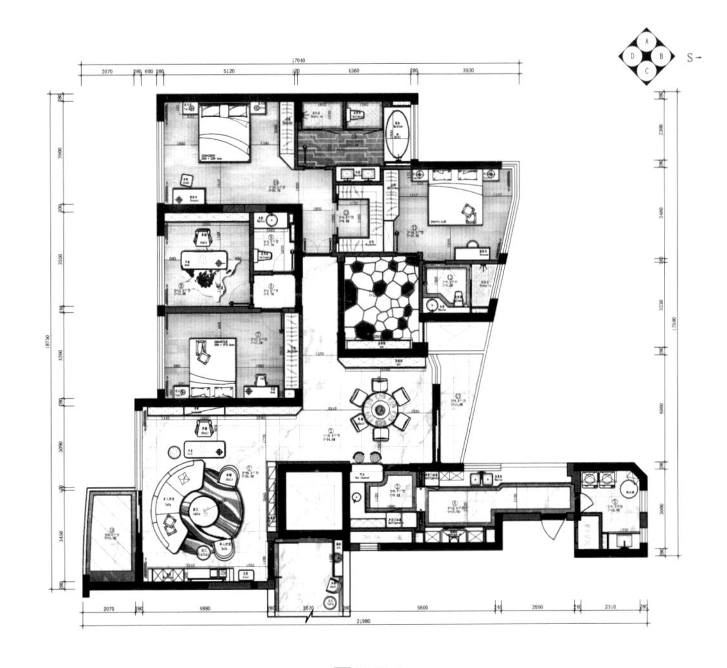

平面图

李家

Lee House

主案设计：李超
项目面积：170平方米

- 客厅如同水墨山水画般淡然素雅，亮色的摆件瞬间提亮室内。
- 透光板的线条点亮了悬空吧台旁空间的死角。
- 冷淡主卧墙面质感下，艳色的单椅、抽象的挂画、切割的主卫墙面砖在空间中剧烈激荡回响。

平面图

设计师向往素雅恬静风格的同时，却也割舍不掉对艺术与色彩的偏爱。本案原本结构较为闭塞局限，有些空间浪费严重，是一个中规中矩的户型。因此设计师在功能处理和格局的改造上下了不少功夫，可以说设计过程更像是一次探索。

敞开式的厨房及客厅电视墙背景都采用烤漆白的面板，配以温润的木皮墙面，将空间都浸沐在匀净下，地面绵延着大面积行云流水般的瓷砖。客厅电视墙的主背景采用熊猫白大理石，中间电视区留空下的哑光黑色钢板，将黑白韵律演奏得恰到好处，设计师用当时中间那块取掉的石材跟玻璃设计成了茶几，可以说给予了业主期待之上的惊喜。

青春前卫

Avant-garde

主案设计：Grahame Elton
项目面积：250平方米

■ 流向性弧形吊顶与地花搭配，清新，让人眼前一亮。
■ 色彩亮丽，搭配干净，彰显青春活力。

本案的设计给城市带来了一股现代清新风。设计师采用流向性弧形的吊顶配合地花的搭配，使整个空间更加灵动。开敞式的厨房搭配客厅，为现在主流的home party提供了一个特有的空间，别具一格。

设计满足了使用者对空间的功能性和美观性的共同需求。同时，时尚的摆设使空间多一分前卫。设计师强调一切的设计均由概念出发，再围绕功能进行细节设计。

9
24

放松

Ralex

主案设计：刘东
项目面积：176平方米

- 深咖色木质家具与白色亮面烤漆家具形成呼应。
- 装饰摆设创意十足，起到画龙点睛的作用。
- 设计精致纯粹，对空间、光线、结构秩序的把握合理。

对刚刚步入不惑之年的人来说，事业的压力、家庭的负担让他们更需要一个简单而舒适的环境，给自己的身心一个放松的空间。设计师便采用现代简约风格整合了自然风景和建筑空间。

两个人居住的空间，经常有朋友来家里聚会，所以设计师在空间上按照新的生活方式来规划，营造简单大方、舒适休闲、时尚自然的氛围。设计师在空间大功能分区上没有进行很大的改造，在原有的功能上对各个分区进行了详细的家具布置，例如公共区域将客厅、餐厅的布置处于开放状态，这样能使空间的功能得到很好的利用。

平面图

峰里绵延

Montains

主案设计：俞佳宏
项目面积：135平方米

- 采用对称的手法，不对花的石材，和谐的分割比例。
- 利用墙体对称性拉出中轴的平衡感。
- 冷冽的石材搭配温暖的木纹，具有强烈的视觉冲击。

山的棱线层层叠错，勾勒出一道道的轨迹，石头的雕琢呈现自然的原型，木纹的线条刻划出细腻的感动，自然的肌理将绵延不绝的延续。

以大自然的元素搭配窗外的景色铺陈于各个空间，透过光与影围绕洒落在纯粹材质中。自然的纹理温润了利落的线条，更以中轴的概念串连所有的空间机能，淡化空间的零碎性。

自玄关起，自然石皮与不规则的木纹分割，自然的语汇铺陈于美学的空间中，屋外山峰绵延持续延伸至天花板，高低交错，以自然的木头纹理跨越彼端，营造丰富与内敛的自然之美，灰色调的地面材延续自墙面，大自然的石皮和窗外的光线依循着利落的线条，创造出峰里绵延的剪影。自然的木纹作为动线的延伸，如同树的枝干穿梭在屋里每个角落，自然的生长着。

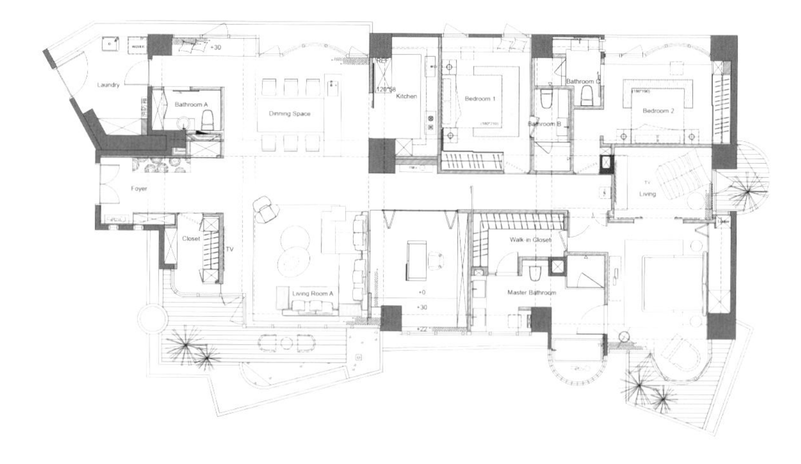

平面图

清露晨流，新桐初引

Early Morning

主案设计：李启明
项目面积：170平方米

- 以白色为主基调，搭配咖色的家具和精练简洁的灯饰。
- 别致一格的家具与配饰融入富有质感的地板，时尚有层次。
- 软装色彩搭配自然，具有灵性，更年轻、生活化。

安静，不需要什么惊心动魄的大景观，只是一个序幕初启的清晨，只是清晨初映着阳光闪烁的露水，只是露水妆点下的梧桐树初抽了芽，遂使得人也变得纯洁灵动起来。设计师钟爱清晨，尤其喜欢感受清晨时分特有的新鲜、清透感觉。当薄疏的晓雾被轻风驱散得几近消散时，对家的向往也似乎渐渐明朗起来，此刻的人们不禁憧憬、规划着理想生活。

于是设计师遵循生活之美，希望把这股清新自然之风带给居住者，从而使其体验到充满活力且富诗意的生活环境。在空间规划上打破常规，扩出餐厅与楼上书房的流动区域，将整体材质和设计融为一体，呈现出一种兼具功能和静谧氛围的空间层次。大块面墙体穿插搭配与色彩搭配营造出多层次的居家氛围。

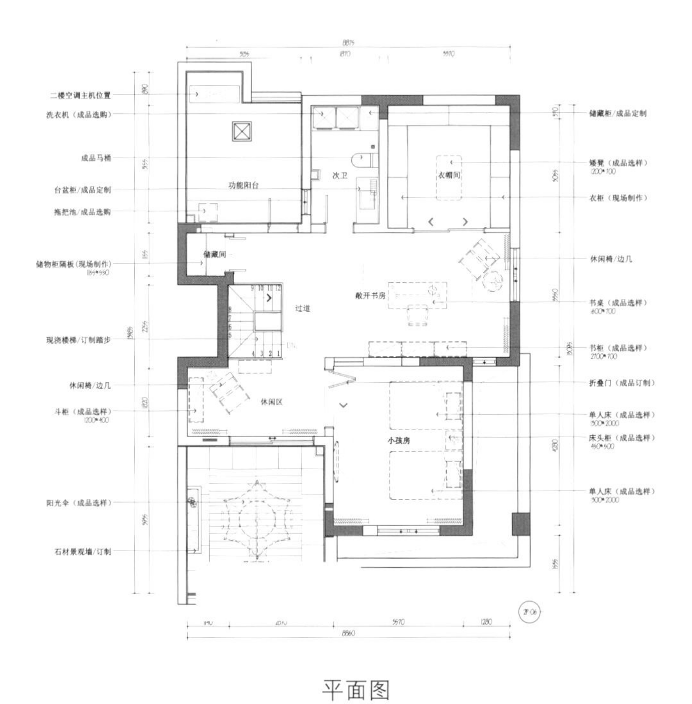

二楼空调主机位置
洗衣机（成品选购）
成品马桶
台盆柜/成品定制
拖把池/成品选购
储物柜隔板（现场制作）
现浇楼梯/订制踏步
休闲椅/边几
斗柜（成品选样）
1200*400
阳光伞（成品选样）
石材景观墙/订制
功能阳台
次卫
衣帽间
储藏间
过道
敞开书房
休闲区
小孩房
储藏柜/成品定制
矮凳（成品选样）
衣柜（现场制作）
休闲椅/边几
书桌（成品选样）
书柜（成品选样）
折叠门（成品订制）
单人床（成品选样）
床头柜（成品选样）
单人床（成品选样）

平面图

ENTERING XINJIANG
CARL STEINBERG

曾经的黑与白

Black and White

主案设计：周令
项目面积：150平方米

- 空间设计的颜色非常统一，不多一分色彩。
- 亮黄色沙发十分醒目，夺人眼球。

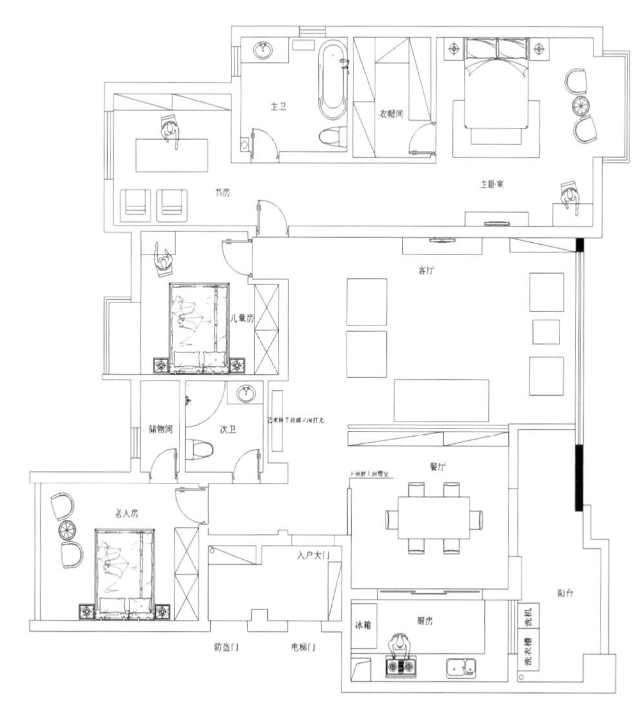

平面图

设计师将空间的功能性与合理性叠加，空间划分更注重于各个功能区的空间逻辑关系，阳台浪费的空间融入到客厅，书房与主卧室的套房连接使得业主有更多的私密性，主卧飘窗拆除后独立设置了休闲沙发，让业主有更多浪漫的私人空间。

天然开采的树木在客厅、卧室扮演了不同的角色，不同的木色调给人不同的心理感受。天然石材在原木之间穿插着，石材本身的冷与傲在穿插之间慢慢地消散，静静地融入在这自然之中。

营造属于自己的世界，写意自己空间。

院·拾光

Beautiful Sunshine

主案设计：郭侠邑 / 设计公司：青埕空间整合设计有限公司
项目面积：133平方米

- 浴柜镜台打造酒店氛围印象。
- 温润质朴的实木，串起自然轨迹，打造温馨沉稳的空间卧室。
- 以雪白、银灰、灰紫、木色调展现柔和的优雅感，构成宁静与安定的空间氛围。

空间的叙事与情感是设计师一直专注的事情。在本案中，他依旧相信空间温度与情感的重要性。他将公共领域及私人领域重新进行分配并划分，开阔大器的格局配置让情感交流与私密生活充满灵动性。

坐在阳光间，一面享受窗外开阔的视野，一面品味屋内安宁与恬静。设计师将整片全开放式迎光落地窗的场域留给家人共同生活的区域，将书房、客厅、餐厅、厨房连成一线，宽阔大器。空间的存在，以人为主的精神，显现出个人品味与生活态度，构成宁静与安定的空间氛围。坐在窗边感受时光缓缓的流逝，光影的流转与消长，真正自然与自在地享受生活。

布鲁斯小调

Blues

主案设计：殷志伟
项目面积：220平方米

- 元素的诠释全面、立体，空间饱满。
- 设计高雅脱俗，打造全新生活概念新时尚。
- 运用不同明度、饱和度的蓝色还有邻近色和对比色，使空间变得更有层次。

PLENTY
DIANA HENRY
Das Alter

本案的构思来源于业主对蓝色的喜爱以及对时尚的不凡追求。

蓝，是唯一一种因为平淡而不凡的色彩，有着天空的博大与大海的深邃，有着高雅而脱俗的气质。蓝调主义，是一种蓝色情结，一种唯美无暇的精神向往；同时也是一种蓝色文化，一种能把物质与精神融合并将它们精致化的生活主张。

蓝调主义，用来概括这样一群人，他们追求流行时尚中最精华的部分，并将其引进生活，而后构建一种全新的生活概念并让其成为新的时尚。

纷繁复杂的个性世界中，找到属于自己的“家”。

简约空间的整合

Simple Space

主案设计：王智衡
项目面积：242平方米

- 用极简设计美学融合美感的明亮家居，特色鲜明。
- 深浅色互相调和，线条利落简洁，带出极简设计风格。
- 材质的运用考究、质朴，具有特别的视觉感受。

本案的特色在于它的独特结构，令布局的编排上更具弹性。

在大厅的设计上，保留原有阅读室的位置，把装上了特式墙的厅堂微调成长方形，显得空间更俐落。

在私人区域的编排上，重新规划成主人套房及三间大小相约的孩子房。设计师特意把孩子房以门分隔，增加活动空间的灵活性。

设计师利用宽敞的空间走向使现代简约风格显得更开阔大器，例如金色哑面的吊灯，让家居添了一份优雅。整体环境在视觉上具穿透性及细腻质感。设计师把美感充分体现在选材、颜色上，而空间布局也达到了业主的需求，兼备了居家该有的舒适感及无压感。

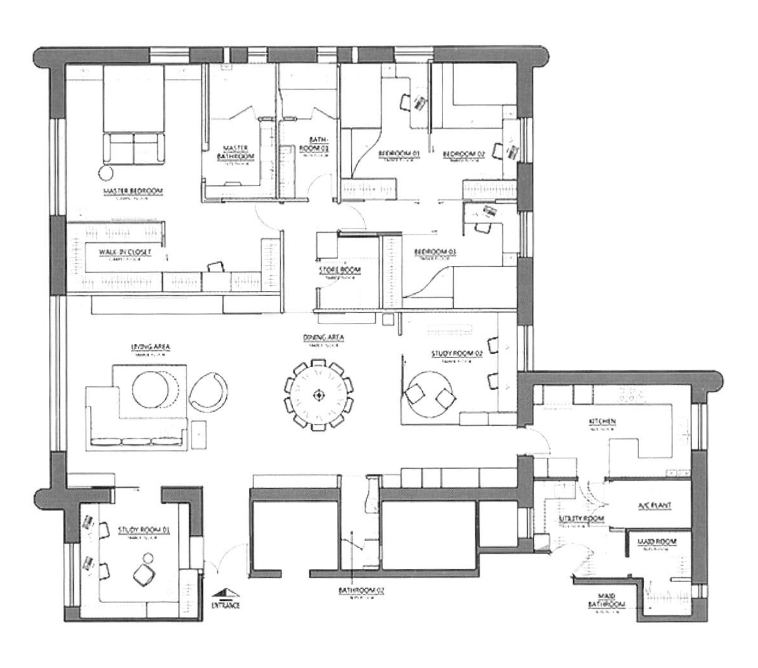
MASTER BEDROOM
MASTER BATHROOM
BATH-ROOM 03
BEDROOM 01
BEDROOM 02
WALK-IN CLOSET
STORE ROOM
BEDROOM 03
LIVING AREA
DINING AREA
STUDY ROOM 02
KITCHEN
A/C PLANT
UTILITY ROOM
MAID ROOM
MAID BATHROOM
STUDY ROOM 01
ENTRANCE
BATHROOM 02

平面图

直白

White

主案设计：应磊杰
项目面积：300平方米

- 以纯白色为主基调，搭配简约、有质感、有肌理的材质，缔造高品质的生活。
- 硬朗与柔和，简洁与精致，空间“空”“灵”结合统一。

“直白”是这个空间的属性，是与人交流的淳朴状态，纯白且纯粹。洗去浮华的表象，用“直白”的方式，阐述空间和生活的本质！

直线是最基础的结构体现，白色是最原始的自然色块，当两种基础元素构建在一起时，便成为空间“灵”的属性，而把空间的结构和色调以最基础两种元素作为基准，也是对“极简”的致敬！

以空间的使用和舒适度做为基础前提，以中轴线为对称中心的设计构想，实现了空间南北通风最大程度优化，以及空间自然光照引入。通过对直线条的合理应用和细节处理，形成了空间的自然、和谐、舒适。

阁楼生活

Loft

主案设计：任萃
项目面积：140平方米

- 卧室纯白与浅木色的轻柔搭配，温馨浪漫。
- 空间色彩以灰色为主基调，沉稳庄重。
- 钢件家具以木料点缀，呈现有机跃动。

Corona
IKEBANA
Essential
History of Art
STAR WARS

大隐隐于繁华。台北城逸仙路巷弄中陈公馆，秘密轻奏着不同于繁华城市的旋律，每个音符盈满了人文艺术与自由的能量，为一对夫妻每次浪漫出走前的安栖之所。

每与朋友家人的欢聚笑语凝聚了一室的爱与能量。客厅与餐厅的开放令空间自由伸展，慵懒斜躺的L型宽敞沙发，拼装木栈板几何勾勒，融汇老城区与工业风格的人文品味。开放式厨房的Lounge Bar，的桌面冷冽金属银光流淌，高脚椅斜靠，温润木质与工业风格铁件的冲突此刻相拥互融，粗犷材质中却显露纤细。藏匿于通往阳台走道的主卧室，床头以活动式隔板划破了与客厅公共空间的界线，宛如空间的表情转换。

最初LOFT的意义仅是谷仓仓库，而现在成为了一种认真的生活风格，揉杂了人文思想与工业风格，显得纯粹。轻巧隔间的游走盈蕴不羁自由的空气，创作饱满艺术。

都市减压

Decompression

主案设计：俞佳宏
项目面积：231平方米

- 空心砖与不锈钢、木头的搭配。
- 具有粗犷休闲的现代感。
- 大地色系与其他材质的混搭，创造新的空间价值。

现代减压的空间为忙碌的都市生活提供了一个自在的避风港。设计师在空间规划及选材上十分讲究，他在空间中纳入奢华与自然调和的风格元素。

电视主墙以俐落时尚的石材，透过线性切割表现深不见底的“森林”，成为空间不容忽略的美丽景致。沙发背墙以收纳创造环状动线，背面嵌入无燃烟的酒精壁炉，在珊瑚白大理石中缓缓释放温度。纳入经典的时尚色调亮点休憩区的设计，将原先三房的格局改置为双主卧空间，几乎对称的空间格局，双十轴线将整体空间串连，创造了现代人文的新空间。

DECOR

双生蜕变

Double Metamorphosis

主案设计：江欣宜 / 设计公司：缤纷室内设计工作室
项目面积：198平方米

- 使用现代简洁家具线条兼容多元材质型式的建材，创造法式休闲的新古典空间。
- 沙发上点缀钛丝图腾抱枕搭配时尚造型的圆桌，营造奢华、优雅的视觉享受。

BALENCIAGA
AND SPAIN

设计师用巴黎30年代的装饰风格（ART DECO）营造出低调却奢华的生活质感。她用简约的处理态度、美好的比例、丰富的装饰性，颠覆传统的美学表现。

客厅背墙以具有品牌精神的布艺裱框作为背景，彰显业主对于法国工艺所洗炼经典文化的追求；展示柜内色彩饱和、质感典雅的精品旅游画卡，透露业主本身丰厚的人文质感品味；在空间配置的中心位置，摆设开放式中岛吧台，结合长方形餐桌环绕动线的设计，让居住的上下两代能有紧密的互动也能惬意的生活。

当太过拥挤的压迫来临，蝴蝶便无法完整蜕变。将格局划分，每个人都能拥有最完整的生活空间，用玄关将空间分成三个层次，起居、开放式厨房和餐厅与动线不交叉的三间套房。把阳台留给餐厅，城市的早餐也能拥有绿意。人需要呼吸，因此总在拥挤中找寻放松的机会。这便是最初的设计理念。在有限的空间内，设计师为业主打造透过岁月洗练的生活空间。

CHANEL

levithan

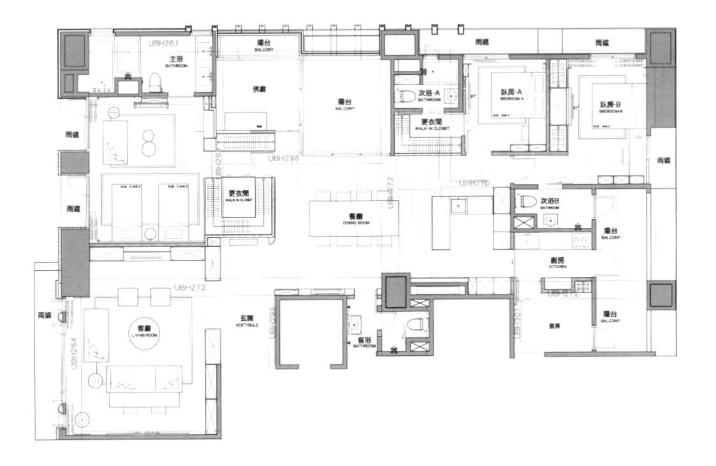
UBH261
主浴
BATHROOM
陽台
BALCONY
佛廳
陽台
BALCONY
次浴-A
BATHROOM
更衣間
WALK IN CLOSET
臥房-A
BEDROOM A
臥房-B
BEDROOM B
雨遮
雨遮
雨遮
雨遮
雨遮
UBH298
更衣間
WALK IN CLOSET
餐廳
DINING ROOM
UBH272
次浴B
BATHROOM
陽台
BALCONY
廚房
KITCHEN
UBH272
雨遮
客廳
LIVING ROOM
玄關
VESTIBULE
客浴
BATHROOM
客房
陽台
BALCONY
UBH264

平面图

河岸之心
River Bank

主案设计：苏健明
项目面积：116平方米

- 玄关立体面、地面呈现不等比的分割线条，产生律动感。
- 空间采用木地板搭配简约家具，呈现自然质朴的氛围。
- 黑白装饰画、工艺精湛的茶几、精致高档的沙发地毯，富有浓郁艺术气息。

设计师利用“诱导式结构美学”的设计观念，为业主打造了治愈感十足的水岸风景宅，细腻地引入了自然的风景，并建立了身为居家核心的岛屿吧台，让温柔的力量在空间中发散，营造着人文质朴的悠闲生活氛围。

设计师将原先四房的旧格局打通成一房，赢得九米水景左岸。入客厅即可从窗户看见视野宽敞、坐拥九米水景的山光水色。客厅天花板也呼应户外水景，呈现水波意象。同时以风琴帘调节户外光线，可在隐秘状态下自在观景。

利用电视墙串联吧台与餐桌，形成客、餐厅流畅的娱乐动线，并采用石材与实木混搭成协调美感。吧台餐厅空间以125°角创造最佳视野，让业主在开放式客厅与餐厅吧台中都能欣赏不同的地理景观。通过设计师的巧妙处理，无限好风景完美融入到室内空间。主卧床头装饰画与床上家纺互相映衬，彰显不俗的居家品位。

时尚Loft

Fashion Loft

主案设计：张凯 / 设计公司：惹雅设计
项目面积：172平方米

- 用金属面板搭配原木饰条作为电视墙体设计。
- 轻盈的原木、铁件造型的桌板，使空间清爽简约。
- 整体空间具有纯净优雅，白色前卫且充满时尚感。

前卫印象的黑白色调，演绎业主盼望的当代精品风格，建筑语汇与穿透材质的设计手法，在空间机能里信手捻来，搭衬温润手感的木地板，在冷调的时尚中创造属于家的纯净质感。

白色的切割屏风与立体造型的吧台为空间的灵魂，配以大面积黑色区块的电视主墙，以醒目的姿态创造简洁俐落的视觉效果。

设计师为了保持空间的敞朗与舒适，降低空间的视觉重心，并透过黑玻璃隔间取代实墙，营造开放的空间态度，为Loft风格作了时尚精品的再诠释。

拿铁

LATTE

主案设计：官艺
项目面积：490平方米

- 木质梯子有很好的实用性，使硬朗的石材空间更加柔和。
- 黄色座椅具有温和柔美的曲线，圆形椅背搭配以丝绒打造的柔软坐垫。
- 全哑光、半哑光、高光，不同质感的材料在同一空间相映成辉。

设计师说：住宅是生活的容器，反映着居住者的生活态度、美学品位与文化特征。空间设计以LATTE为灵感来源，在色彩搭配、材质选择等方面围绕主题深入展开。

设计师对色彩的运用也非常节制，使得空间看起来不杂乱。为了让空间更加通透，拆除了客餐厅之间的原有墙体。同时新做一面两个空间共用的U形墙，使整个空间的动线更加合理。咖啡色沙发的顶级皮料契合着LATTE的主题，浅米灰色的玄武岩地砖，低调内敛又富有人文气质，与沙发相辅相成。

U形餐厅隔断的两侧采用古铜材质，Melt Lamp 吊灯就像正在变形的火山熔岩。厨房、早餐台、正餐台三点一线。楼梯由美国白橡木和原创的铜制栏杆组成，同时栏杆的序列感又被油画中澎湃的海浪打破。为了尽量减少同种材质的色差，在窗套的选择上大胆地使用了古铜材质的金属包边。书房使用NAIDEI的沙发床，优雅舒适而不失实用。女孩房间采用蓝色床品和橙色的沙发，具有混搭风格。

极简主义

Minimalism

主案设计：孙建亚 / 设计公司：上海亚邑设计
项目面积：420平方米

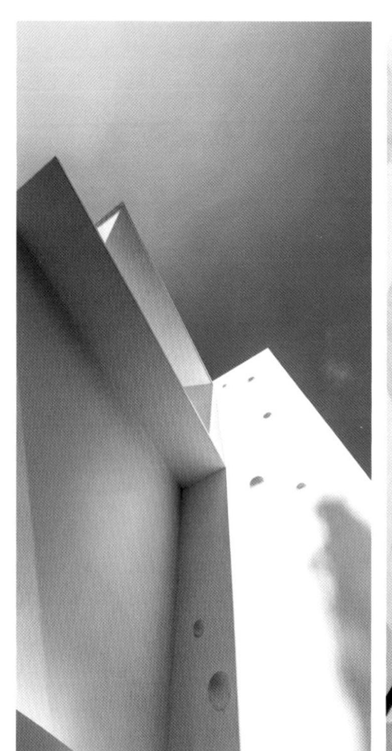

- 从户外景观、建筑到室内，一气呵成，没有多余装饰。
- 利用黑色不锈钢书架分割挑空区与电视墙的界面。
- 利用墙面的分割来完成并隐藏功能性较强的门片，使屋内所有房间均不使用门框。

本案业主崇尚极简主义，把这栋有着二十年屋龄的坡屋顶别墅，改造设计成极简的建筑风格，是对设计师极大的挑战。

设计师对建筑及外立面进行了较大的修改，把原有的斜屋顶拉平，并且把外凸的屋檐改建为结构感很强的外挑样式，并以方盒为基础的设计理念，重新分割成功能性较强的露台或雨篷，既增强了建筑的设计感，又增大了空间的实用性。

在室内，设计师剔除了一切多余的元素及颜色，利用墙面的分割达成空间的使用机能。不同角度倾斜的爵士白大理石拼接，成为空间的主角。楼梯间的光线设计成内嵌在墙面大小不一的气泡，有种拾级而上的互动，并与外立面协调一致。

整体设计秉持了极简主义风格，简化了因功能而装饰的多余造型，并添加了贯穿空间的特征，让设计更具有感染力。

竹风低吟

Bamboo Wind

主案设计：林宇崴
项目面积：248平方米

- 厨房花砖的视觉亮点撞击出微妙平衡。
- 空间规划合理，利用率高，让过道空间隐形，一气呵成。
- 蜿蜒灰色铁件，扶摇而上，以回字形串连了5个楼层的灵魂。

ELLE DECORATION
the five people
Mitch Albom
the devil wears prada

本案是狭长的连栋别墅，最大的问题是中段缺少采光。除了采光之外，过道空间多、动线不满足生活需求、收纳不足都是需要一一突破的问题。

破坏是再生的前奏，打掉一面墙之后，把每层楼梯前的过道空间，都纳入了实用空间；打掉一面墙之后，以玻璃、铁件帷幕取代原本隔绝的高墙，引光入室；打掉一面墙之后，生活的重心有了新的定义。

开放式的一楼空间，仿清水模漆的背墙大面积地延展，与无缝创意水泥地板的自然肌理交互出有层次的灰阶。微奢华的主卧，双染色木皮平衡了大理石的冷静，主墙以细致的铁件钉入其砖缝中，低调中更显细节美感。

150 Best Home Ideas

方寸间的褶皱

Imagination within Inches

主案设计：邵唯晏
项目面积：1100平方米

- 量身定制的会客室座椅，呈现了动感有力度的曲面皱褶。
- 搜集可再利用的实木角料，经过漆料的修补拼接构成空间的格栅，节能永续。

业主是布料界的成功经营者，整体的设计理念承载了业主对于美学的独到喜好和企业识别。布料是一种演绎性很高、充满生命力的材质，透过不同的外力会产生褶皱，进而生成有机的肌理形变，方寸间演绎出无限的可能。

形式上，从布料的绉褶出发，凝聚了一个动态运动中的片刻，透过有机、非线性、抽象的写意风格，创造了具有动感韵律的空间物件群，进而编织成一种超现实的诗意空间。

设计师打开了二楼的楼板，创造出一个挑高八米的开放公共空间。在空间中置入了一个大尺度的空间物件，每日夕阳的余光透过云隙洒落在这块“布料”上，和皱褶肌理上演了一场光影秀，映射感染了整个空间。

樾·界

Creative Fashion

主案设计：胡飞
项目面积：200平方米

- 硬装以暖灰色、白色为主色调，软装搭配高纯度的色彩，凸显活力。
- 客厅空间采用蓝色、红色等纯色抽象题材装饰画来点缀。

现在越来越多的年轻业主选择摒弃繁复的装饰，拥抱更和世界接轨的现代风潮，本案正是设计师和业主对现代生活的一次展望和拥抱。这是一个跃层住宅设计，业主是一对80后的年轻夫妇，崇尚简约主义，他们对设计的创意度和时尚度有着很高的要求。

住宅的首层承担着家庭公共区的所有功能，设计师将西厨的吧台和餐桌的功能结合起来，扩大了厨房的使用功能空间又不影响客餐厅空间。厨房门没有采用一般的推拉移门，而是定制了一幅抽象装饰图案的外挂滑轨门，保证了整个空间简约的设计感。

设计师重新设计了楼梯的排布，同时楼梯的首层作为一个独立的大平面，暗藏了楼梯下景观，连接了电视柜，从进门玄关经过楼梯到达客厅这条动线由地台的设计元素贯穿起来，一气呵成。

雅舍
Elegant Mansion

主案设计：杜恒 / 设计公司：SCD（香港）郑树芬设计事务所
项目面积：1500平方米

- "减法设计"理念创造"去繁取简"又不失品质感的空间。
- 油画填补空旷墙面，大小、高低、疏密、色彩恰到好处。
- 简洁的线条有条不紊地呈现在主卧空间中，体现东方雅舍的幽静与格调。

设计师试图通过记忆和体验去创建并雕刻空间，坚持用平凡的生活、人性的痕迹感动世界；在实现个人价值的同时，改变更多人的生活方式与生活态度。

本案展现出有别于“传统奢华”的气质——内敛、高质感、文化、时髦、优雅、矜持而适度，这种独特的气质正是设计师提出的“雅奢主张”。设计师在进行设计创作时，非常注重空间的文化内涵塑造，倡导人们追求一种高品质、低调内敛而独具个人格调的奢华感，而非表面金银堆砌的豪奢，讲究将优雅奢华渗透到生活的每个细节，推崇优雅、高质感、低调时髦的生活方式。

本案是连栋别墅，为了满足业主的要求，大到空间划分，小到线条描绘，设计师都经过近乎苛刻的推敲。在“减法设计”理念的指引下，从欧洲直接进口的家具及灯饰、近百件当代油画家作品消融于空间中，尽显雅奢气质。

碧云居

Mansion

主案设计：孟繁峰
项目面积：120平方米

- 家具的材质多为胡桃木，增加了空间的层次感。
- 深色系的现代简约家具，使整个空间色显得稳重大气而又不单一。

NEW CLASSICISTS
ULTIMATE TROPICAL
DETAILS
DETAILS
CLASSICAL ARCHITECTURE
MODERN
DECORATION ART
TUSCAN
AMERICAN
STYLE VILLA

本案主要在探讨家在一个个体生活中的意义，它的存在形式，它想要营造的氛围以及要表达的生活方式。

设计师在风格表达上，融合了中式文化的简练，线条式地勾勒了家的轮廓，工业风的金属感、怀旧感增加了家的记忆性。他打破了三居的小环境，破除了一居成为二居，但是强化了餐厨空间，让民以食为天的中国人在餐厨空间中更能得到充分的交流互动，以增加家庭沟通的频率和机会。带中式韵味的摆件，为空间添加色彩的同时，也显出几分别有的韵味。

朴真雅居

Simple and Real

主案设计：许天贵 / 设计公司：传十空间设计
项目面积：280平方米

- 大量运用天然木皮面材与石材，温润朴质。
- 电视墙的滑门用白色方块做出层次堆叠。
- 以大地色为主色调，搭配各式灯光，具有人文气息，刻画素朴真实的居家风情。

设计的思路是回到人性最原始的需求，就是“崇尚自然”“健康舒适的物理环境”以及“家的主题感与归属感”。设计师希望能在业主喜欢的简约现代的风格上，同时彰显业主热情好客的真诚性格，响应周围环境的绿意，增添朴实的人文气息。

设计师用ㄇ型平面配置取代长屋设计，形成较佳的开窗与通风条件。增加大面开窗，引入绿意美景以及良好通风，提供开阔、闲适、疗愈之氛围。连接各层的楼梯，特以轻巧的钢构造与强化玻璃，增加梯间采光，营造通透轻盈的空间体验。设计师用简练的手法来表现材质的天然质朴，营造出自然放松的生活氛围。户外绿意及光线借由廊道玻璃引进，在百叶窗及间接光的调整下，楼梯转换出不同的层次表情。

半山建筑

Semi-mountain Architecture

主案设计：杨焕生 / 设计公司：杨焕生设计事业有限公司
项目面积：379平方米

- 线条硬朗，色彩搭配自然。
- 整体空间给人低调、沉稳的感觉，运用较多日式元素。

这栋建筑位于八卦山台地，视野辽阔，可以远眺中央山脉群山，也可俯瞰猫罗溪溪谷，拥有宁静优雅的文化与风土，业主希望建筑落成时能在室内欣赏这份景致。

自然流动在其间的不只这些自然元素，还包含了人的动线、功能的布局、视线的角度、身体的感触；这一流畅的空间可以孕育一个人身处半山环境的身心感受，并随着空间文化的流动，微妙地改变居住者的心灵变化。建筑以清水混凝土墙构筑，室内桧木屏风与室外的孤松形成光影对话。建筑构法简单及清净，但依然讲究建筑所重视的光影、通风与地景的微气候效应。

这肌理曼妙流动于宁静光影空间之中，空间是背景，生活是主体，利用简化格局与宽阔动线拉长空间距离，让人难以一眼望尽屋内所有动态。

留白

White Space

主案设计：奚富生
项目面积：280平方米

- 留白，是设计师所追求的一种境界。
- 富有中国山水文化特色的现代简约风格。
- 或许，留白才能表达“宠辱不惊，闲看庭前花开花落；去留无意，漫随天外云卷云舒”的意旨。

为了体现简约自然的基调，在硬装方面采用了干净的黑、白、灰元素，白色的乳胶漆、灰色的水泥砖、黑白配的厨房间无一不给人一种平和的心境。局部软装根据业主要求做了一些加法，餐厅区的软装着重融入了浓厚的中国山水文化的禅意风，摆在餐桌上充满禅意的陶瓷花瓶与边柜上的山水画融为一体，与简约的黑色金属摆件构造出一种恬淡宁静的简约中国风。

在设计多元化的今天，设计要遵循本土化，吸收传统建筑文化和室内装饰设计中的精髓，并加以创造性转化，构建出极具个性特色的设计风格和样式。在回归传统和多元共生的当今，只有改变才有获得，只有创新才有发展，而留白的巧妙运用正是其中的完美体现，因为在不经意间我们回头发现：质朴与简单才是设计的最高境界。

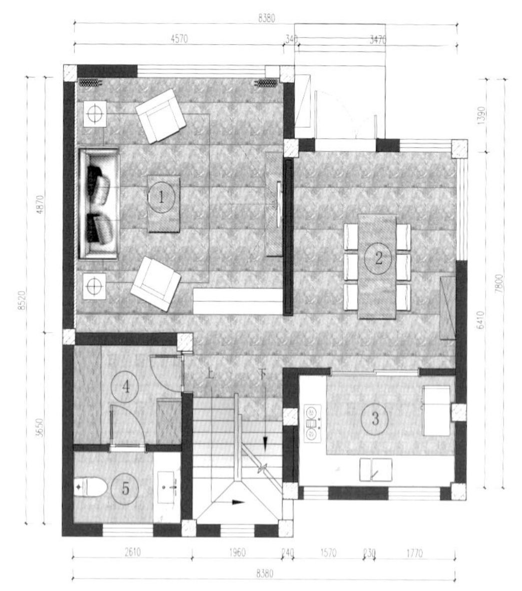

一层平面图

自宅

House Of One's Own

主案设计：陶磊
项目面积：600平方米

- 空间充分自由伸展，如同抽象的山水。
- 可以最大限度地感知新建筑带来的自由与舒展。
- 住宅空间得以既分开又联系，实现各种空间片段之间的切换，使其更有生活的戏剧性。

建筑并非单纯营造内部空间，也不是一味地构筑外部结构，而是在内部与外部之间营造内涵丰富的场所。这个住宅尽可能地将原有建筑的地板、墙体、顶板与外部构筑对齐，只有一道玻璃来隔断温度，力求达到内外统一性。追求内与外的统一性是为了让室内可以更直接地感受到自然的存在，室内空间除了必要的功能和材料之外，无需任何多余装饰。

所谓居所，不过是在自然环境中建立起对人具有庇护作用的构筑物，但不应因此失去对自然最直接的关联。在这里，巨大的“外罩”将一切混合在一起，自然与人工环境变得模糊，衍生出了新的境界，从而超越了自然。建筑不再是隔离人与自然的装置，而是二者的连结体。

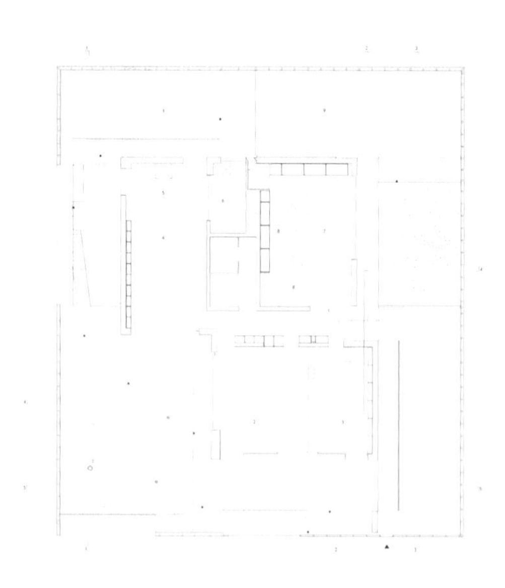

平面图

恬静艺墅

Quiet Villa

主案设计：蔡锦明
项目面积：991平方米

- 家是一处能够褪去都市尘嚣让我们身心放飞的堡垒。
- 家是一条旅人走遍天涯失去方向也不会忘记的道路。
- 家是一潭能够洗涤掉繁杂的世事同时安静心灵的溪水。

在这充满了人本的设计里，保留当地环境的人文风景，设计大面开窗引景入室，带入无价之景使退休生活更显舒适。

因建筑格局事先就已结合室内设计去做规划，所以建筑完成就已极大化住宅，在布局上为艺文融入住宅生活化，所以将公共空间设计为能结合各空间弹性去作规划，保留多功能室在公共空间区域以备艺文招待使用，不让空间拘束住。

设计的最大低碳材料就是火山泥，是天然环保材，具有吸湿调节温度等功能，加上无价之窗景，让整体设计增添无可比拟之价值。

因当地是选择退休的好地方，所以也不希望破坏当地的阳光、空气、水及美景，设计上就多次沟通，以简单、纯朴、自然不作做的设计为出发，在完工后充分满足退休生活的无拘无束、自然纯真。

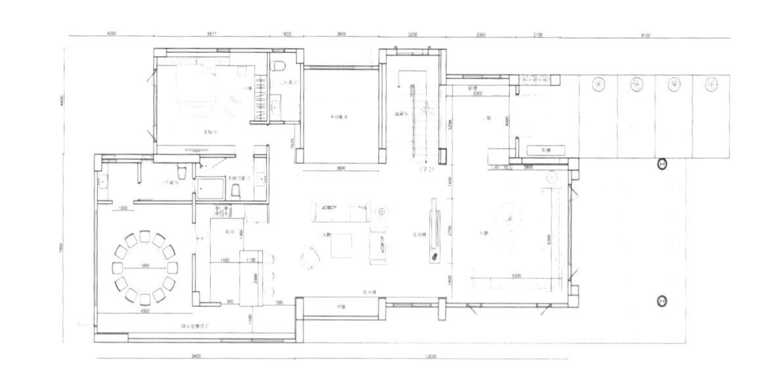

一层平面图

朽木之缘

The Beauty of Rotten Wood

主案设计：吴才松
项目面积：120平方米

- 将旧房子废弃的朽木重新置于空间中。
- 白墙通过投影电视变幻时空，动静皆宜。
- 用朽木设计成大小不一的方盒，留下生命的痕迹和生活的情怀。

都市生活快速的节奏，让时间似乎走得更快了。本案尝试让时间慢下来，让居住者静下来去体验空间与生活。设计在尝试去风格化。在设计的元素上，采用朽木头对空间进行表达，用美去发现朽木可雕之处，然后重新去认知这个世界。空间没有所谓完全的客厅或书房，家具可以随意摆放，书架可以随意组合，也没有电视机，一面白墙就是电视机，而且可以通过投影变化背景。空间与空间之间不需要太多的界限。静与动的随心互换，就像是空间从来不缺少生命，空间也就有了意义。

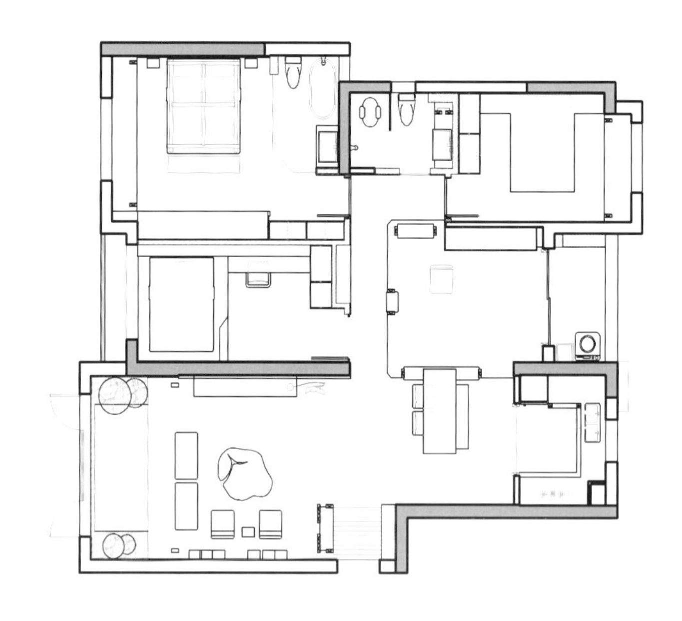

平面图

以石为邻，以木为家

Stone & Wood

主案设计：杨航
项目面积：140平方米

- 素净的墙面搭配大理石电视背景墙，营造宁静的氛围。
- 设计干净简单，构筑经典，回归自然。
- 暖色餐厅吊灯让冷色调的空间变温暖。

以石为邻，以木为家，返璞归真而栖之——这就是本案设计的初衷。设计师在设计中借助不同材质，巧妙运用山、水、木的元素，抽离出返璞归真的视觉语言。以泼墨感的石材墙面、水墨浓郁的装饰画、散发木质原味的沙发背景等片段营造出一股人文气息的返璞归真之态。

客厅没有多余装饰，造型别致的沙发背靠木质墙板，给人宛若背靠森林般的舒畅。地面仿石纹的瓷砖铺贴，让整个空间视觉延伸，泼墨石纹呼应艺术感极强的装饰画，墨感中透露出人文气息。设计师用最纯粹和本质的手法，让居住者远离城市钢筋水泥之烦闷，体验贴近原始与自然的放松。

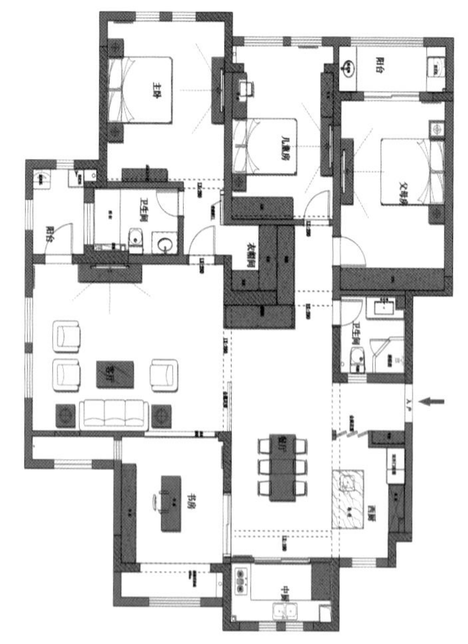

平面图

阿姆斯特丹

Amsterdam

主案设计：严晓静
项目面积：97平方米

- 设计简约，装饰简洁。
- 装饰画与沙发背景的整面留白形成强烈对比。
- 装修贴合主题，颜色搭配自然，偏冷色调。

当轻工业遇上北欧设计，既符合年轻人快节奏的生活方式，又结合北欧适宜居住的慢生活，呈现不一般的摩登生活态度。设计侧重家具自身功能性，简约且没有任何多余的装饰，很好地满足现代人在繁琐工作和生活中需要寻找出口，追求心灵安静的家得诉求。

灰色系电视背景结合过道加以KD造型勾勒，搭配壁炉使家居氛围沉稳、随意与休闲。套房的设计，浅灰色与纯白的搭配呈现一种舒适感，简洁而脱俗的设计风格看起来更为理性、含蓄。北欧风格的通透和自然总能给人带来一股平静的美。

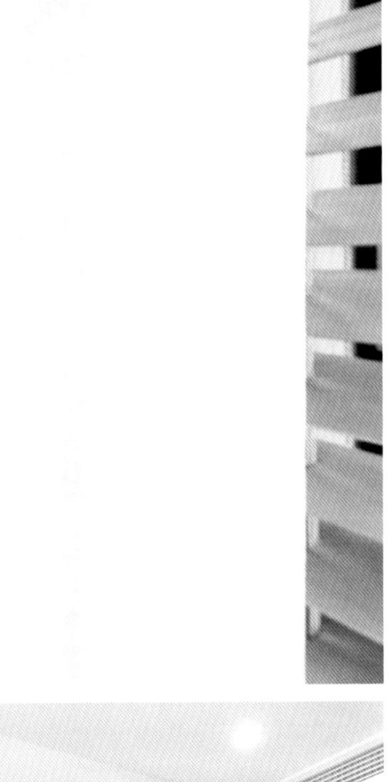

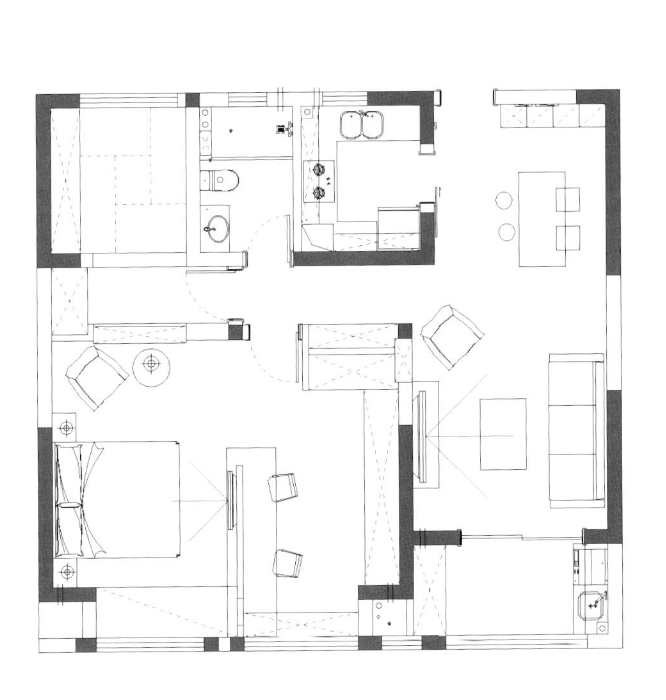

生活&态度

Life & Attitude

主案设计：蒋沙君
项目面积：300平方米

- 以简约、素雅为主色调，加入局部搭配的软装配饰。
- 软装装饰搭配舒适、时尚、美观、实用。
- 盘坐在楼梯上，透过如雨丝般的钢索欣赏陈列柜上的艺术作品，有不同的生活领悟。

设计的核心思想是生活的态度。对于家而言，并不在乎它有多美，而是在于它是否能带来归属感。它的理想状态就是可以很自如地呆上好几个礼拜不出门。

空间的布局以开放式为主，设计师希望通过每个功能区域的串联，增进人与人之间的交流。在这个浮躁的社会里，我们需要真正属于自己的生活，公共区域每一处角落都可以随意坐下，或安静地看会儿书，或和自己最亲密的人喃喃细语。生活本该如此，不需要过多的精彩，但总能让你感动。生活的态度就是如此，简单并不华丽，却能铭记于心。

BABY MILO®

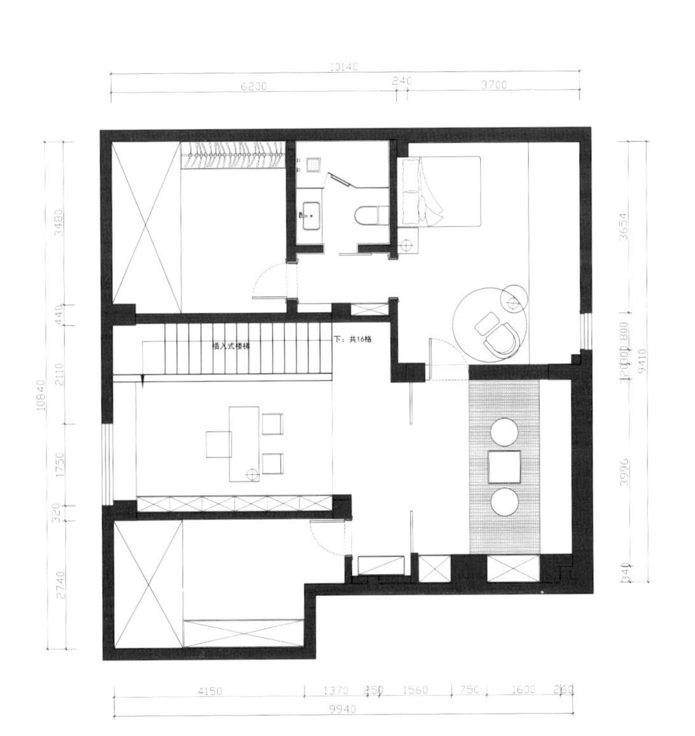
10140
6200
240
3700
插入式楼梯
下：共16格
10840
3480
440
2110
1750
320
2740
3654
800
9410
3996
340
4150
1370
250
1560
750
1600
260
9940

工业味的禅意

Industrial Zen

主案设计：谭沛嵘
项目面积：200平方米

- 抛开传统的中式花纹，利用物料上的颜色搭配禅意感。
- 混合简约现代风，简单直接，带出主题。

本案例呈现了设计与生活之间的角力。具有设计感的布局、充满住家感的居所，在种种角力之下，迸发出火花，并与建材、灯光共同营造淡雅空间。

走进屋内你第一眼就会见到通往阁楼的黑铁制作成的楼和鱼池，也是全屋最抢眼的地方，当你慢慢静下来，坐在楼下的鱼池边脱下鞋子，专注地望一望鱼池内的小龟及小锦鲤，就是设计师最想打造出的设计效果。每晚回到家时，有一个心灵过滤，给自己也静一静去欣赏生活上其他的美事。

在宜家风的家里喝杯星巴克

Starbucks in IKEA

主案设计：冯星辰
项目面积：164平方米

- 北欧风格，简单随性，自然洒脱。
- 原木色与大理石结合，略有轻奢风。
- 完全透明的卫生间设计，大胆时尚，具有十足的美感。

台式简约，悠闲温润。两者结合，会有什么样的化学反应？设计师用“宜家风格+星巴克”两个关键词，道出了想要的家。

一幅背景墙画，瞬间点亮了整个空间。黑色皮质沙发，品质中彰显奢华。开放式厨房，带来了更多的时尚气息。嵌入式家用电器给餐厅节约空间。主卧中，设计师完全融入了关于“星巴克”的需求，营造了暗色、静谧的休息氛围。灰色、茶色相结合，空间氛围更加浓厚。半开放式衣帽间，灰色背景墙沿袭了整个空间的氛围，具有高级灰的品质感。

时光里的香镜

The Mirror

主案设计：钟莉 / 设计公司：成都壹阁高端室内设计事务所
项目面积：219平方米

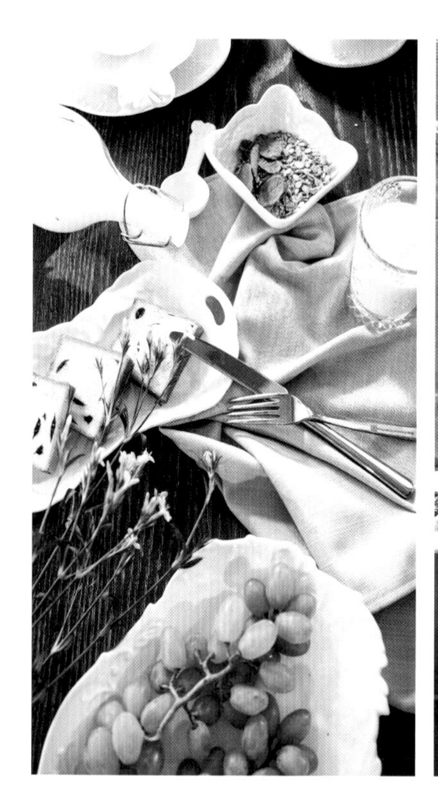

- 沉静的高级灰墙面，与原木色和白色呼应。
- 浪漫的白色沙幔，延续优雅格调。
- 抬高地面，阶梯状造型，划分空间层次。

设计师在设计上推崇优雅、高贵和浪漫，在功能上更加细化家庭的功能空间，将“家”和“工作室”融合为一体。

干净清爽的色调作为基调，运用棉麻质感的布艺、家具、挂画与鲜花绿植搭配组合在一起，将整个空间点缀在自然当中，保持了整体空间适度浪漫和轻灵的格调。一组灰色系的棉麻布艺沙发撑起了舒适的客厅空间，让所有可被发挥的冷暖色彩都能自然过渡，自然主义情调的家具贯穿其中，看似简约的设计都有细节的造型变化。花园的设计作为空间中的点睛之笔，不着痕迹地将空间气息氛围进一步提升，成为一道美丽的风景线，阳光绿叶，满是萦绕的木质芬芳，给人轻松舒适的氛围，抛却俗世繁杂，只唯心而已，生活的真谛就在这里。

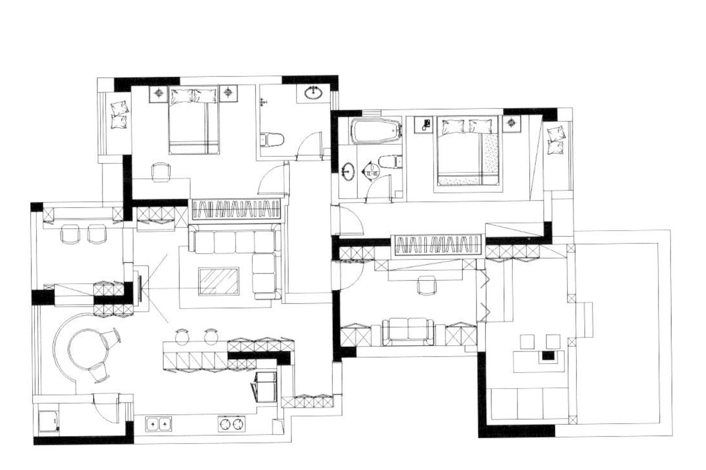

小宇宙

Mini Apartment

主案设计：黄铃芳
项目面积：33平方米

- 白色的电视墙高效率地隔出客厅厨房和卧室。
- 厨房的滑动梯可以根据业主的需求移动。
- 浅色调、亲和的木纹板，隔而不断的空间，让室内采光和空气状态都很好。

虽然公寓面积小，但大面积窗户和挑高还是为设计师留有很好的发挥余地。高低落差为公寓开辟了很多有趣角落，让人可以从不同视觉角度感觉室内氛围，也能窥见户外的城市景色和天色的变化。无隔断而开放的设计，创造出空间和功能的灵活性。

设计师利用层高的方式很不同，没有过于压榨层高，而是用高低的落差满足功能所需，将错层较低区分配给客厅与主卧，不另外施做夹层，保留整体的透空挑高感。靠窗旁则规划整排卧榻，搭配窗帘的弹性调节，形成绝佳的观景休憩区，后方则连接一座升降餐桌，于桌旁开设一扇小窗，既隐密同时又与户外视野保有连接。

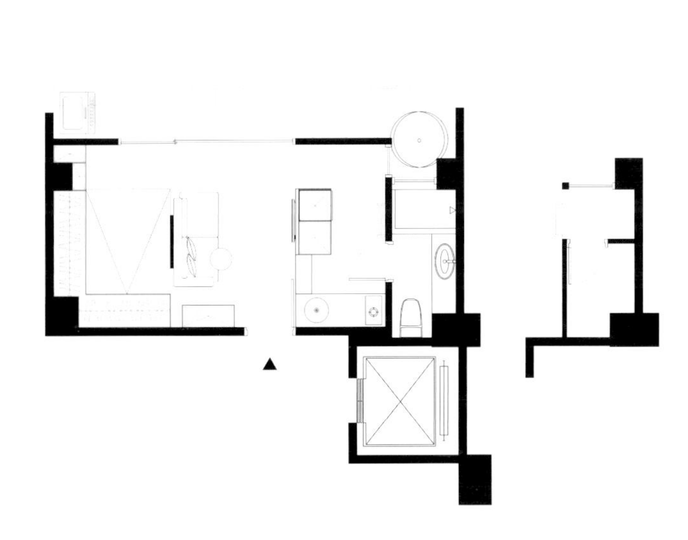

原木之家

Natural Home

主案设计：郑小馆
项目面积：177平方米

- 容器里面的生活才是最好的色彩。
- 家的渴望和安心，已然深深地镌刻进了人们的基因。
- 房子之于中国人，无异于水之于鱼，母胎之于胎儿。

整体风格似中非中、似现代非现代，不被任何一种既定的形式风格所定义，只在乎让心灵与生活对话。

整个房子采用白色、暖灰色和浅木色为主调，三色呼应，营造出了一种宁静致远、清新雅致的氛围。地面采用灰砖，冷墙上是木饰面。木家具给人以绵绵暖意，冷墙散发着森森寒意，意在突出冷暖对比，实现阴阳平衡。跟从北欧实用主义和极简主义，抛弃杂念，去除多余的装饰主义。家具，如沙发、餐桌均用黑胡桃精雕细琢而成，隐隐透露出一股经年的沉稳踏实，又不失澄净缄默，一如主人翁内敛稳重的风骨。

整个房子的木饰面都是收纳柜，简单利落还实现了可利用空间，可谓是功能与形式的完美结合。客户在回家后找到归宿感，真善美的至高体验。

清新小户型

Cozy Apartment

主案设计：江涛
项目面积：160平方米

- 过道的古堡灰石材与木质元素相互映衬。
- 空间及功能化家具雅致精简。

本案的业主为80后，对居住空间的理解务实且精致，摒弃了比较主流的西式设计风格，以东方审美为基调，加以现代时尚的生活需求，营造出简约明快的生活空间。

开放式书房与客餐厅连为整体，既增强了客厅公区的通风采光，也减少了过道区域的空间浪费。中西厨之间以无框钢化玻璃做为分区，既解决了中厨油烟的隔离，也将中西厨橱柜在视觉上行成整体连贯，更加贴合整个环境的线条感。

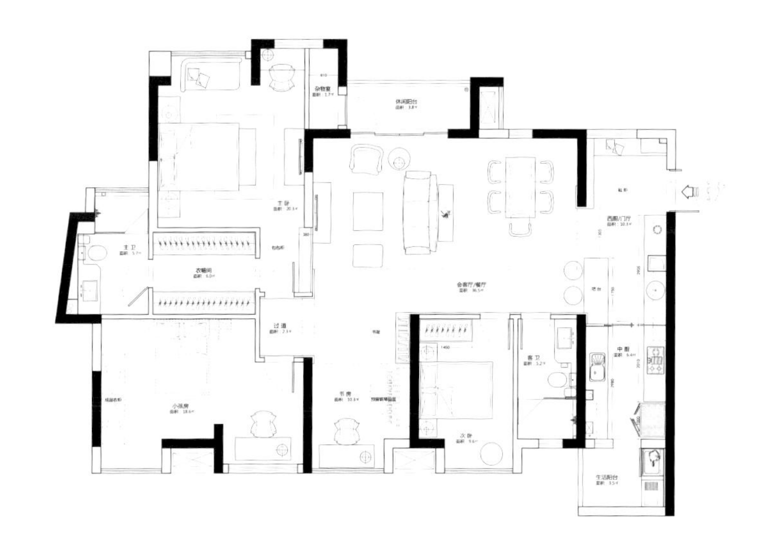

一层平面图

禅绵·缠绵

Zen

主案设计：戴铭泉 / 设计公司：大漾帝国际室内装修有限公司
项目面积：200平方米

- 4种水纹玻璃，交叠出光晕漫射的视觉效果。
- 利用LED照明，酝酿光影散射的情境效果。
- 视野开阔，具有浓而不腻的人文知性。

光与影的知性交流，为空间注入当代语汇的禅释新解。作为度假居所，业主期待有着别于以往生活的体验。设计师将原有的三套房格局逐一整合，改以一大房规划更加贴近实际需求。让人惊艳的混搭，跳脱以往禅风的既有框架。以泡茶区作为客厅范围的构面延伸，创造出丰富弹性的机能余裕。别具风韵的矮凳茶几设计，型塑匠心独运的闲适禅境。将主卧床头略为侧转，拥抱最佳尺度的海景沿面。

疗愈系住宅

Healing

主案设计：郑明辉 / 设计公司：虫点子创意设计
项目面积：80平方米

- 借由北欧风主题与浅色系搭配，打造清新舒适的氛围。
- 高低不一的不规则书柜，摆放大小及高度不同的书籍与收藏。
- 设计营造敞朗的开放感，将书房、餐厅与客厅构筑同一条视觉轴线，铺述空间最原始的韵味。

设计师让空间回归纯粹白净，以业主的故事为调色盘，一笔笔涂抹上丰沛的情感与色彩，缔造简洁又清新的居家氛围。设计以利落线条、单纯的块面来诠释简约又蕴含层次感的设计符码，以天然的木质素材来铺陈场域的温度。

从玄关入内，白色烤漆与梧桐木柜面揭开休闲意象，其木质元素更延续到客厅电视主墙，增添整体空间的温润质感。恢弘明亮的公共空间，串联了客厅、餐厨区及书房，视觉上以开放形式呈现开阔感，透过北欧主题与色彩铺陈，让空间与活动相互协调。使用大量梧桐木皮，堆砌出家的暖意，在餐厅部分更选购原木桌椅，让休闲感更明确。

水色天光

Water Colour

主案设计：吕秋翰
项目面积：100平方米

- 利用光线角度，产生冷暖变化。
- 简单利落和精准的舒适，无负担的造型空间。

因为业主选择了拥有河景的基地，所以在设计上设计师希望此空间能够与屋外一起流动变化，借由变化来对比都市平淡步调的生活；借由窗口的不锈钢平台反射的特性，能像河景一样反映天色，把水色引入空间；墙面特殊处理的镜面，配合光线角度的关系，使空间冷暖变化，业主也能够体验此变化的张力感。

空间布局上因业主需求，必须规划出一个客房，但客房在一整年的使用几率上非常少，所以客房便规划成能自由封闭及开关的空间，在开放时客房放床处能变成靠近河景的卧榻；而当客房时，能够收放的餐桌可缩短靠墙供客人当书桌使用。

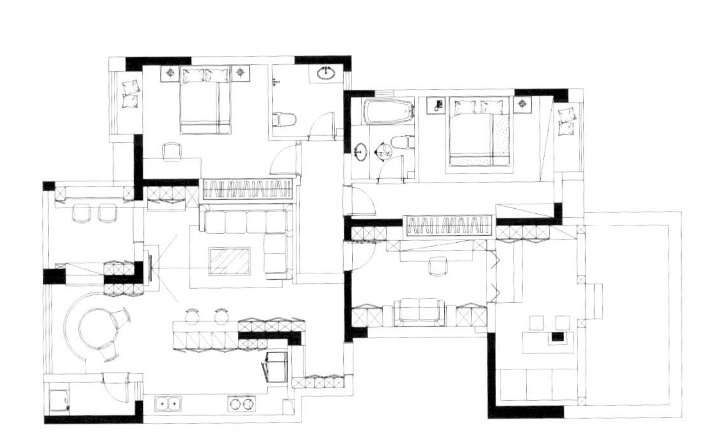

吴月雅境
Moonlight Garden

主案设计：何宗宪
项目面积：757平方米

- 以竹为主题，糅合东方味道，空间具有诗意。
- 利用简单的动线，条理分明。
- 墙上至天花的造形面，在LED灯光的映衬下，错落有致。

设计师运用了和谐的概念，将室外与室内融为一体，提高了设计整体风格的统一性及和谐性。设计以东方精神为出发点，用呈现竹林意境的手法，营造恬静闲息的氛围，体现现代、优雅且令人舒服的精致低调奢华。

本案例所在地有四面园林的优美环境，设计师运用其地理优势，为业主缔造出了一个非同一般的豪华别墅新体验。面对周围园林与水的元素，设计中并非单单将室外的景观直接导入室内，而是更进一步仔细的利用空间规划，把不同的景观置入设计师预设的框架内，为室内营造一步一景的视觉效果，创造出丰富的空间层次。

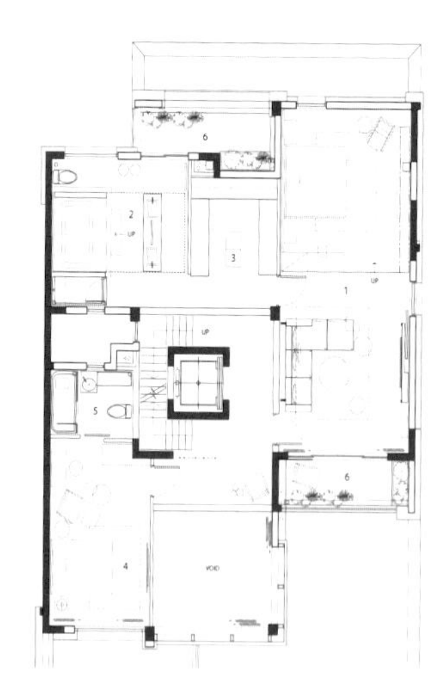

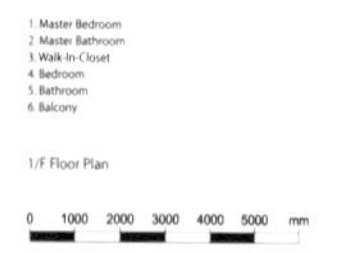

一层平面图

土间宅

House on Earth

主案设计：尹嘉德 / 设计公司：大尹设计顾问有限公司
项目面积：198平方米

- 橡木色为主调，墙面较多的留白，塑造安静放松的氛围。
- 钢琴背后跳耀的层板，成为黑色镜面钢琴的背景，突显气质。
- 突破传统的空间制约，放大使用意义。

设计师所秉持的美学深度必须与业主的内在结合，让设计师与业主的心魂相互映照，最终让空间的图像与业主深度地相互契印。

本案使用了”减去”的设计观点，在不减损美学与功能性的同时，不断去检讨材料的单一性的可能与舍弃无谓的造型堆砌，专注在氛围的营造，严格审视空间每个组构，而非缤纷的建材与手法。设计技巧、材料选择、色彩控制这三者相互搭应，让繁忙的业主在历经一天的拥挤后，回到家中能有着属于都市特有质感的轻松。

纯粹

Pure

主案设计：庄轩诚 / 设计公司：及俬室内装修设计有限公司
项目面积：113平方米

- 原木色的设计风格，干净又纯粹。
- 色彩搭配素雅，设计简单。
- 轻色系材质，提高空间的亮度，使人心情愉快。

身处在都市丛林，许多现代人都想重新回归自然，找寻身心健康平衡的生活方式，而这样的态度也影响了住的形貌。

设计师开始反省人为室内建筑与自然的关系，“乐活”与“慢活”变成设计师与业主之间的共识。公共空间之串连延伸，居住者可随心所欲地自在生活。特别选用温暖质地的地板、家具，与白色的天花板和墙面自然交融成一片，酝酿出净雅的惬意感。选材用色皆以自然为前提，使业主能获得舒服平静的感觉，沉浸在“慢活”里。

LUXURY HOTELS
KELLY HOPPEN STYLE
SPACE
THE HOTEL BOOK
ART

宜动宜静

Dynamic and Static

主案设计：许盛鑫
项目面积：125平方米

- 超长餐桌搭配玻璃球形灯，点燃空间的轻盈律动。
- 架高地面的日式卧铺，配以西式的沙发摆设，展现文明混搭的静态和谐之美。

本案中，设计师首要的思考，就是如何透过内景制造、打造一处动态时兼具讲堂、会馆、接待所等多人共享机能，静态时可供屋主个人独处办公、静心沉淀，随机宜动宜静的人文御所。

跃层式复层形态建筑，以特制超长餐桌为轴心，同时结合电器插槽的设计，彻底颠覆了世人对于“桌”的定义。尽头处的白墙搭配投影设备，可供多人在此进行商务会议。

本该掩映于窗外的绿意，重新剪辑在长桌后靠的大面墙上，以室内植生墙的概念，将内景制造的可能最佳化，盎然的绿意带来明确的净化作用，也让空间洋溢着安静悠远的归属感。

大墨之家

Home of DAMO

主案设计：叶建权 / 设计公司：(温州)大墨空间设计有限公司
项目面积：160平方米

- 采用回收的石头和木头，别具一格，充满沧桑感。
- 家具饰品以功能的多样化、实用性为主。

本案是一个老屋改建，房子坐落在山上，供平时公司开派对、朋友聚会，并且仅一两个房间对外收揽游客。设计师在设计上考虑更多的是怎样将房子与外围自然的融合。在用材上提倡自然、环保、可循环的理念。

在结构上也做到可循环，让整个空间更加自由开放，整条楼梯与燕子吊灯贯穿整个空间，让它变得更有趣味。就地取材，采用后院的石头，设计师做了石头壁灯、石头切片展示架、石头壁炉等。

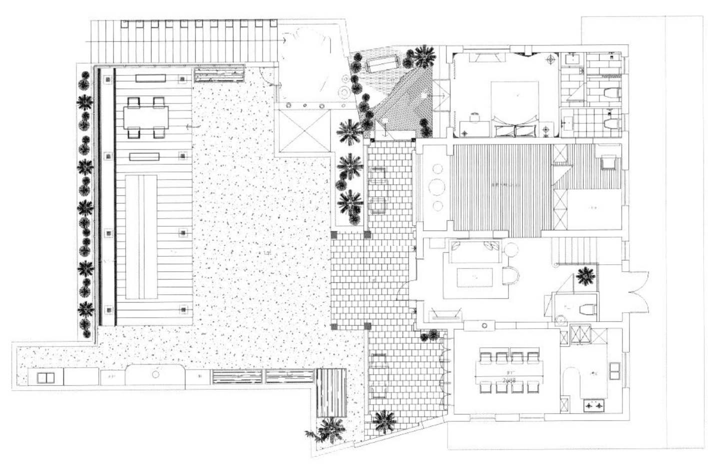

一层平面图

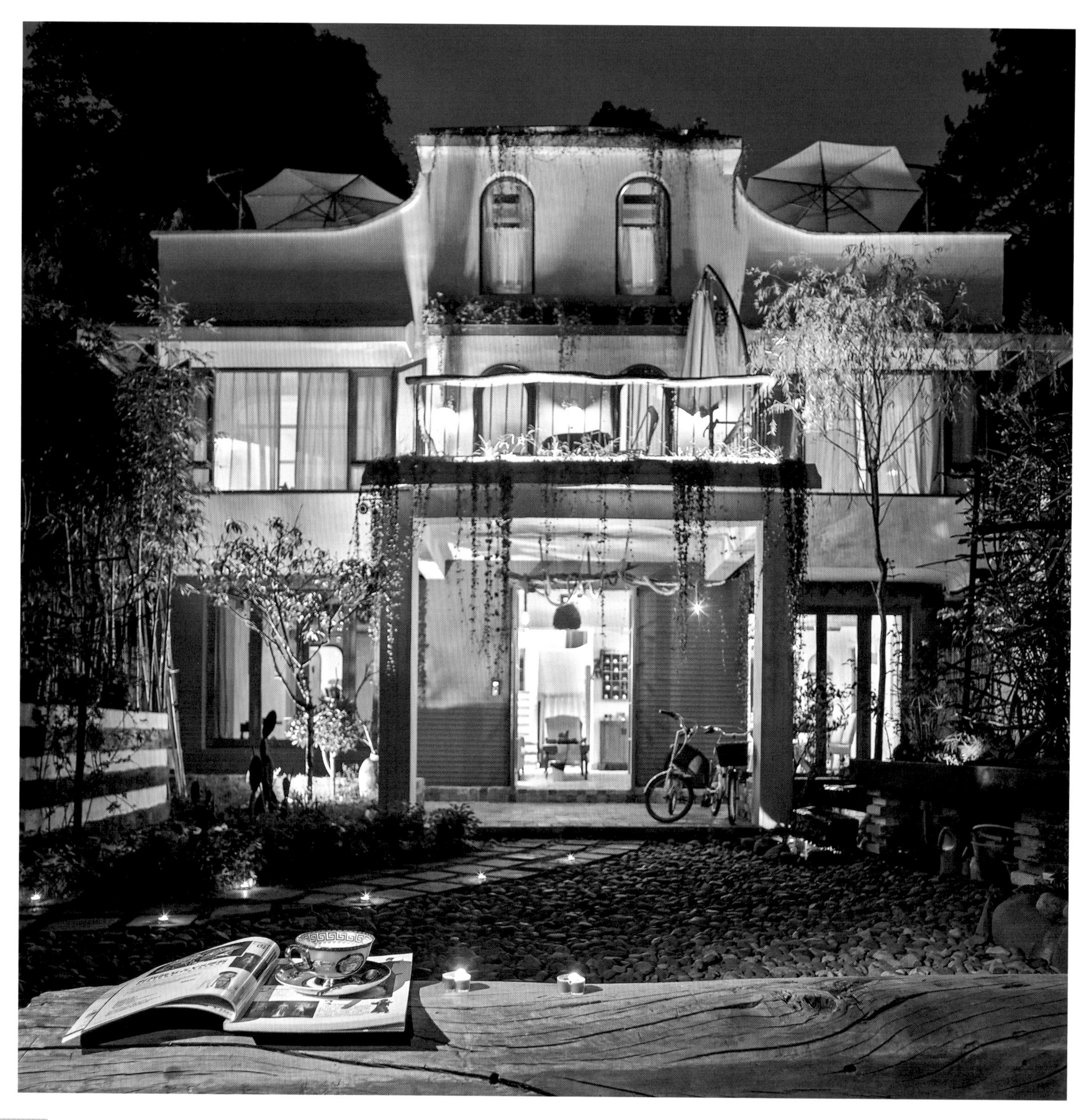

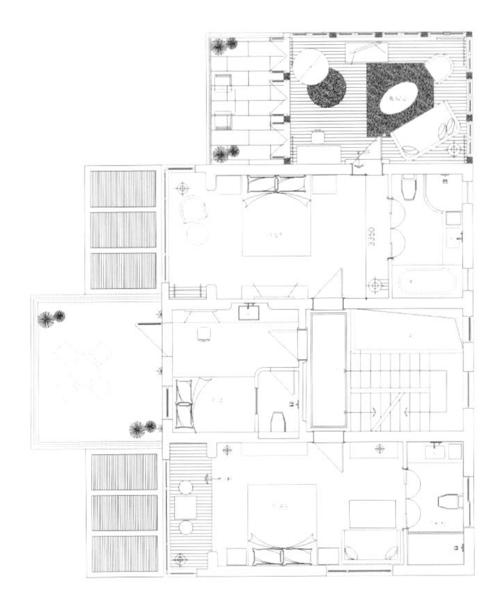

二层平面图

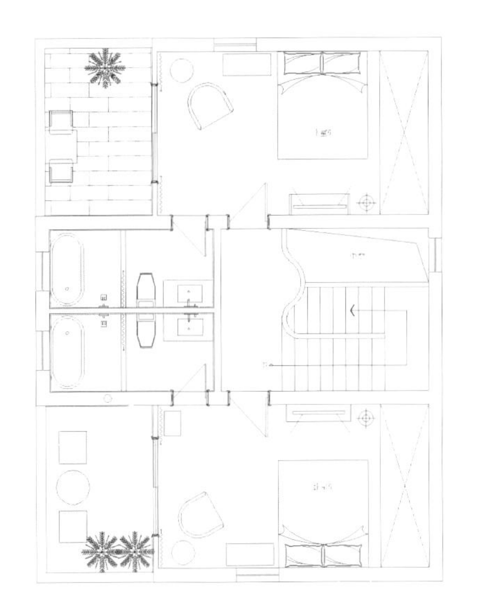

三层平面图

大墨之家Ⅱ

Home of DAMO Ⅱ

主案设计：叶建权 / 设计公司：(温州)大墨空间设计有限公司
项目面积：300平方米

- 外立面的圆孔链接着室内外的自然关系，建筑与环境融合。
- 个层地台设计，地台上可以作床铺使用，设计非常巧妙。
- 阳台外装饰让建筑像盒子一样，多了些层次感。

本案是老房子改造项目，为脱离城市中喧嚣吵杂的生活，回归最简单、淳朴的生活环境能让人感到宁静放松，让人与建筑，建筑与自然相融合，平衡现代化城市发展带来的环境问题。

外建筑通过灯光和木质的穿梭显得更加通透，层次更加分明。院子的小路利用石头与木板的穿插，加上小溪流的设计充分体现了自然的感受。室内透过圆窗与室外的绿植融为一体，原木、白墙，体现最自然的感受，透过大面积的落地窗感受着室外的风景，营造休闲慵懒的氛围。顶棚以现代简约的处理手法，保留了小部分的原始木梁顶，让空间变的既轻松又有质感。

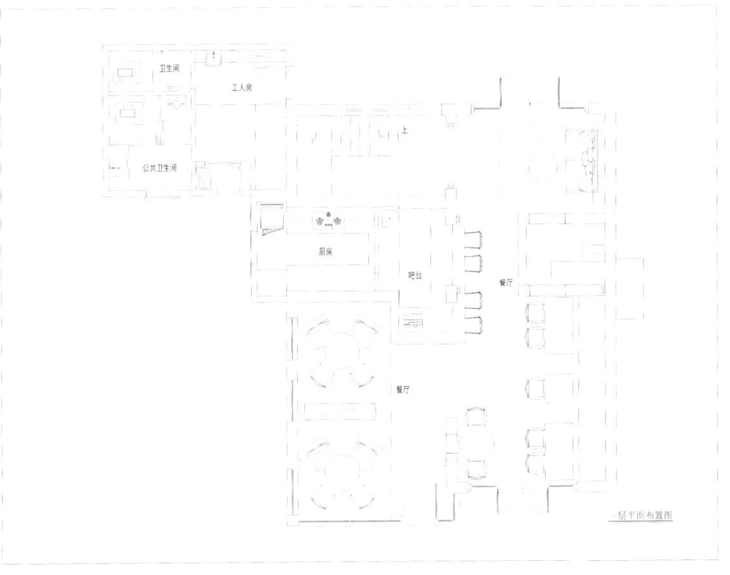

一层平面图

森林湖

Forest Lake

主案设计：潘锦秋 / 设计公司：潘锦秋室内设计事务所
项目面积：350平方米

- 简洁的装饰背景，提高实用性。
- 森林狼玩偶装饰的出现，贴合主题。
- 提升品质，让人放松、舒适。

现在城市的节奏越来越快，设计师想用淡雅安静的风格，给每个业主回家以后一个真正放松的空间。他的设计宗旨是通过改变户型空间，在满足生活需要的基础上，尽量后期通过家具和软装来保证家的舒适度和实用性。

本案设计中，设计师从两个方面考虑，第一是本身房子的结构不理想，通过改变内部的空间来最大化地保证使用者在内的舒适度。第二是材质，为了达到门、衣柜、地板、楼梯等所有材料都是同一个质感，设计师最终选择了强化地板来作为整个家里饰面的最终组成部分，在制作门、移门时采用了不同的收边工艺来保证整体的质量和美观性。

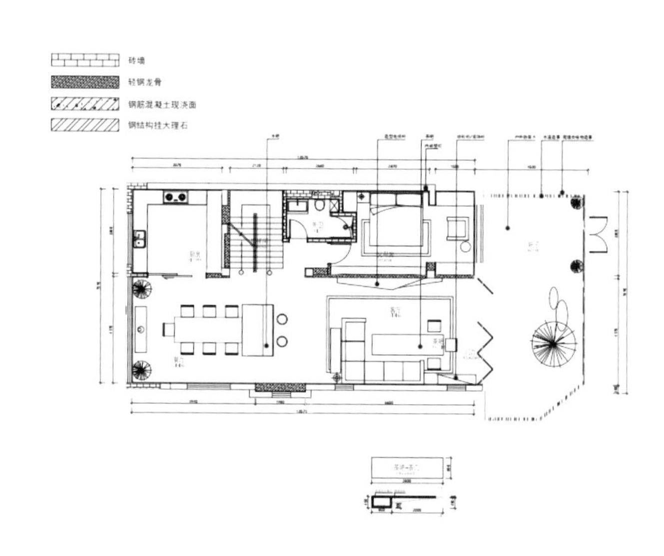

一层平面图

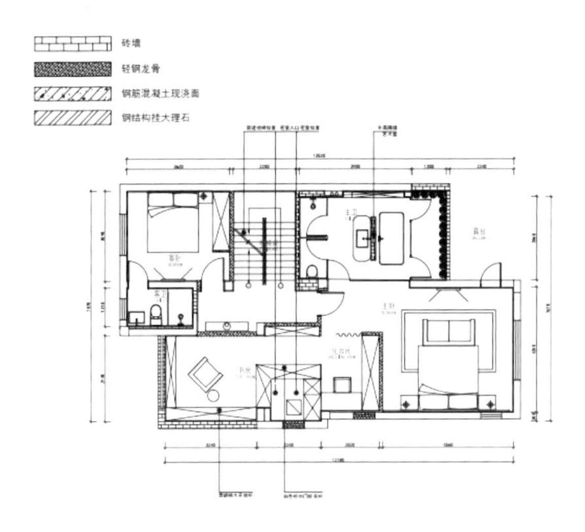

二层平面图

日式禅意

Japanese zen

主案设计：刘敏
项目面积：480平方米

■ 选用灰木纹地面，天然手打花岗岩、实木木作及楼梯等。
■ 实木日式禅意空间，干净清爽，落落大方。

本案整体富有日式禅意风，通过实木及挂画营造干净轻松的环境氛围，给业主更好的住家体验。

设计师通过现场测量及考察，把原本只有一层的房子土建改造为了两层，不仅增大了使用面积，更增加了空间舒适度。合理利用梁柱区分空间使用功能，并且开窗及门洞，增大采光。舒适的客厅、宽大的厨房，还有极具风格的茶室，合理布置的各个空间，给人轻松舒适感。

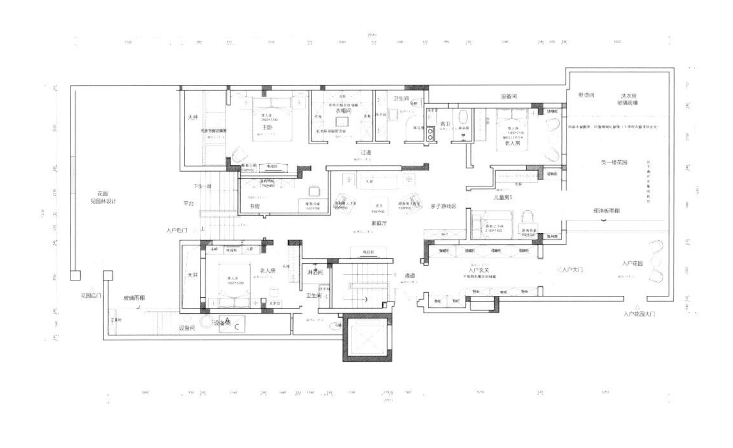

一层平面图

滇池畔的幸福

Happiness by Dianchi

主案设计：毛博
项目面积：220平方米

- 以减法设计为切入点，化繁为简。
- 简约、大气，增强居住舒适感。
- 阳光与湖泊相映，生活清澈无比。

设计师旨在将房屋本身的窗景、结构、光线与生活恰到好处地融合，从而还原理想中生活的样子。没有采用高档材料，设计师更喜欢将原石、木料、混凝土这样原汁原味的材料运用到设计中。强调视觉感官和人的居住感受，没有过多的修饰，简简单单，却让人感觉很惬意。

本案在环境风格上主要是突出窗景，围绕景观进行深化设计，表面不做修饰，实则富有内涵。设计师重新规划空间，将私人感受放在第一位。

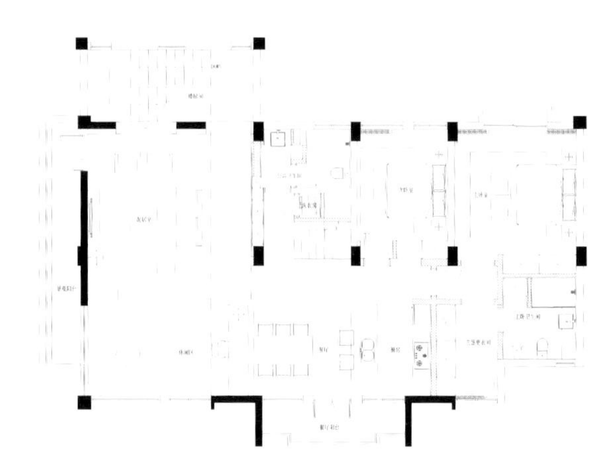

一层平面图

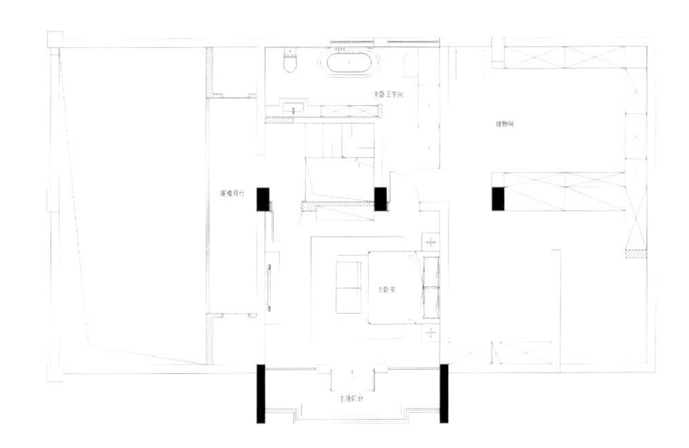

二层平面图

巢之法子

Nest

主案设计：和伟
项目面积：300平方米

- 自由的搭配，精致的选材，统一的色调。
- 复古地板、水泥砖、青砖、红橡做旧面板等搭配，别具一格。

“巢”谓之家，家是温暖的地方，是可以供人遮风挡雨的地方。因为那里，有自己最爱的亲人。家代表了你的品味，凸显了你的价值观，更体现了你对生活的热爱。

本案例许多的软装饰品都源自于对生活的热爱，对品味的独特追求。一个咖啡杯、一个抱枕，一张地毯……都是业主与设计师精挑细选的结果。也许这并不是多数人喜欢的色调，不是多数人喜欢的风格，但是不得不说，身处其中却能感觉到对于家的热爱，对于生活品味的追求，对自由的追求。

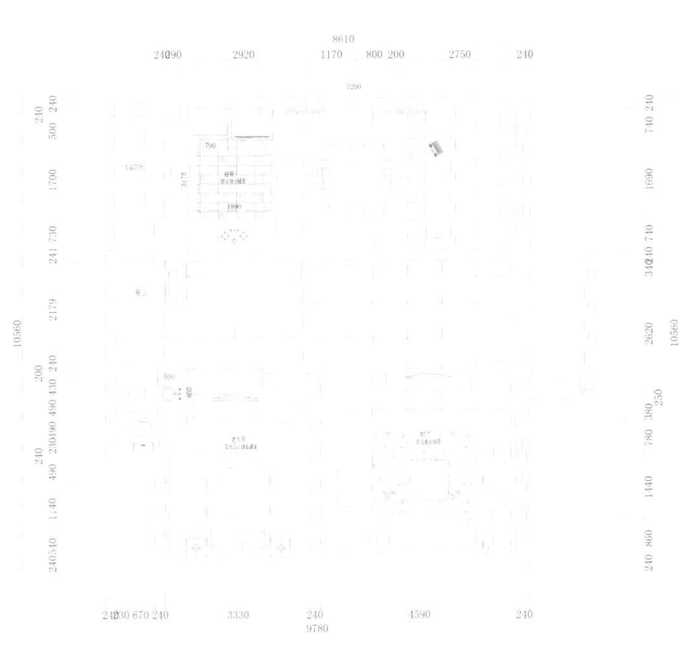

一层平面图

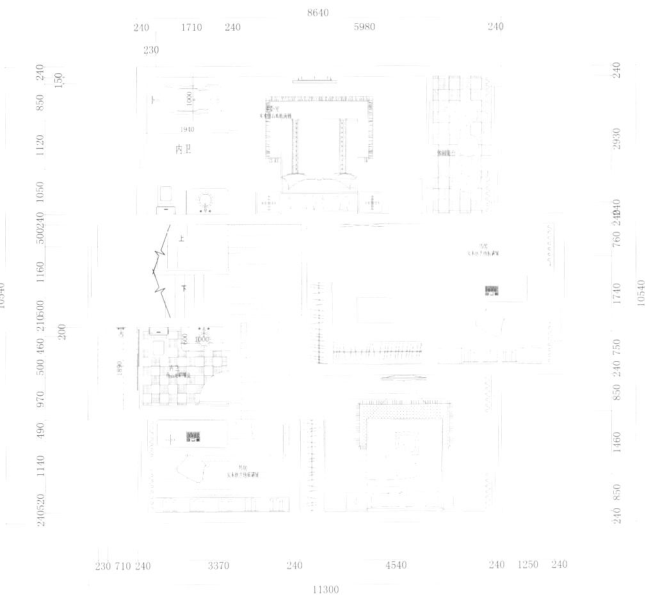
8640
240
1710
240
5980
240
230
内卫
10540
10540
230 710 240
3370
240
4540
240
1250
240
11300

二层平面图

木石·双重奏

Wood & Stone

主案设计：吴金凤 / 设计公司：采韵室内设计有限公司
项目面积：180平方米

- 化繁为简，维持室内恒定色温。
- 软硬装搭配，符合人文为上的时尚美学。
- 精心勾勒和谐比例，重现细腻现代工艺。

自由流动的光感赋予空间无可取代的正能量，设计师在整体规划上善用复层楼面特色，逐一安排主题鲜明的生活、娱乐机能。

本案大量使用木、石类素材，为空间凝聚浓郁的休闲自然感，同时也展现了精湛的现代工艺，勾勒生动的景深层次与细节美感。造型量体、构图画面不断在此间交汇、延展，生活中的人文深度与探索趣味也随之而来。流畅动线、简洁清透的介质处理以及低调但不附和一时流行的优质素材搭配，完成了空间必要的洗炼风格和机能定义，也更具稳定、精致的包容力。

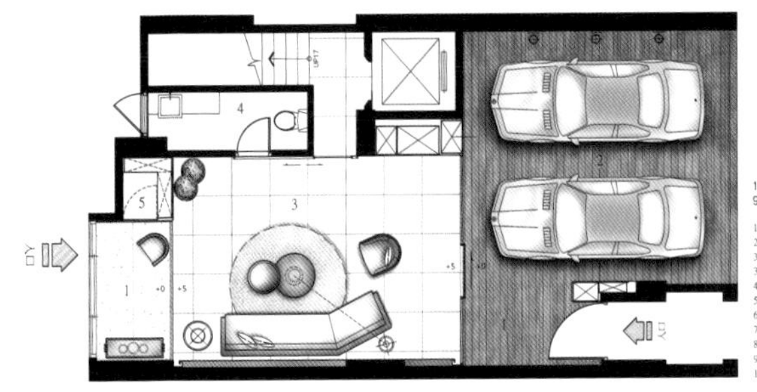

1F Interior area:
90 square meters

1.Entrance
2.Parking
3.Parlor Room
3.Parlor Room
4.Restroom
5.Shoe Closet
6.Living Room
7.Dining Room
8.Bar
9.Kitchen
10.Balcony

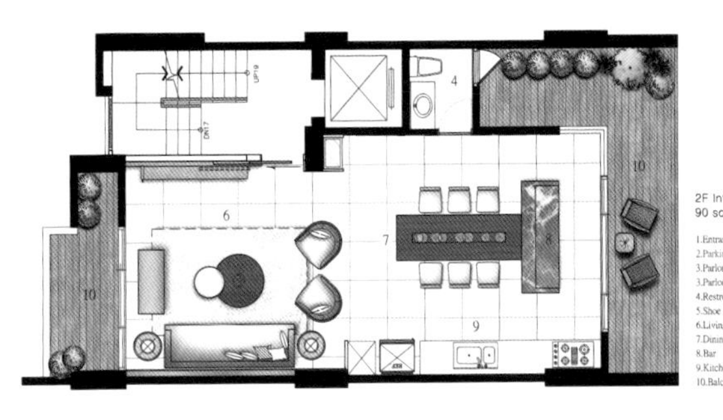

2F Interior area:
90 square meters

1.Entrance
2.Parking
3.Parlor Room
3.Parlor Room
4.Restroom
5.Shoe Closet
6.Living Room
7.Dining Room
8.Bar
9.Kitchen
10.Balcony

减法自然

Less Is Natural

主案设计：尼克 / 设计公司：尼克设计事务所
项目面积：450平方米

- 空间通透，创造视线延伸最大化，连接室内外景致。
- 开敞的由条式设计，充分利用阳光投射在沙发上的暖意。
- 自然元素混合着植物的色彩，从室外流淌到室内，具有流动性。

设计师在保持结构空间适度调整的同时，适当地消解建筑室内和室外的强烈分割感，创造灰空间和庭院，在这样流动空间的周围，房间不再是一个个孤立静置的容器，而是在同一个有机建筑体里担当一个个可呼吸的角色。

在设计中设计师把整个房屋当成一个复杂的生命体去看待，而不是只关心一层华而不实的外皮。让房屋有力量在时间中慢慢成长，经久增韵。

“设计”是刻意的，而“减法设计”是不刻意的“动”，就像随风而动，是一种顺势而生的状态，那就是追寻“自然”。